香音です♡

この本を手にとってくださり、ありがとうございます。

はじめてのスタイルBOOK、ずっとまえから作戦会議を重ねて、

香音のおしゃれもメイクもスキンケアも、心の中も…♡

20歳の私のいまが、ぜんぶ詰まっています。

たくさんの方に読んでいただけますように…♡

Sweet like sweets.

She is soooooo cute!!

Everyone is crazy about you

flully
flully
flully

flully
flully
flully

Pure Pure
Pure Baby

I CAN'T TELL YOU HOW MUCH I LOVE YOU.....MY HEART BELONGS TO YOU....I SEND MY SPECIAL LOVE TO YOU...LET'S ALWAYS BE TOGETHER I LOVE YOU MUCH MORE THAN YOU THINK....I'VE NEVER LOVED ANYONE LIKE THIS BEFORE......

I flourish like this flower.

タヌキ顔代表♡

基本の香音's セルフメイク

可愛い可愛い香音のタヌキ顔に近づける、基本メイクのハウツーをご紹介♡
最新のお気に入りコスメたちも一緒にレッツ、チェック。

BASIC ITEM

最近のお気に入りコスメ
をラインナップ♡

A.Diorスノー UVシールドトーンアップ　B.Diorスキンフォーエヴァースキンコレクトコンシーラー　C.レアナニ プラス ラスティング デュアルアイブロウ グレージュ　D.Diorサンク クルール クチュール 022クルーズルック　E.エチュードハウス ピクニック エアームースアイズ PK002　F.D-UPシルキーリキッドアイライナー ナチュラルブラウン　G.デジャヴュ ラッシュアップマスカラ E2　H.AMUSE ソフトクリームチーク 61CINNAMON　I. Dior バックステージ フェイス グロウ パレット 002グリッツ　J. AMUSE SEOUL SOUL09　K.トーン ペタルエッセンスグロス 02

BASE&EYEBROW

Aの下地をおでこ、両ほお、鼻先、あごの5点におく。あとは指で均等に伸ばしていく♡

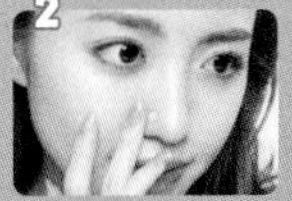

カバー力のあるBを気になる部分にだけ塗る。香音は目の下と、小鼻の横に薄く塗るよ。

Cの付属のブラシで眉毛をとかして、眉山から眉尻にかけての三角形をていねいに描く♪

眉頭のすき間と眉下のラインを整えたら最後にもう1回ブラシで毛の流れを整えるよ。

EYE

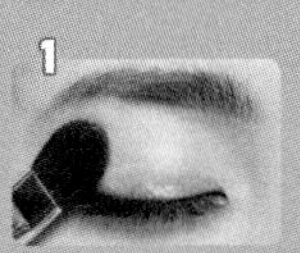

Dの左下のベージュをアイホール全体に広げるよ。下地的な感覚でサササッと、ね♡

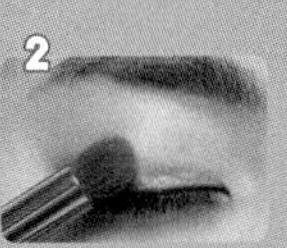

Dの左上の茶色と中央の濃い茶色を混ぜて二重幅に塗る。これでグラデーションが完成。

目の下にもDの左上の茶色と中央の濃い茶色を混ぜたものをスーッと軽めにのせるよ。

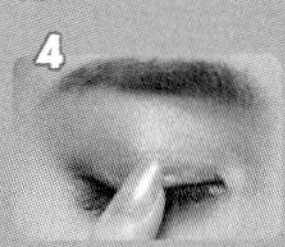

Eのラメをまぶたの中央にタテに伸ばす&下の目頭側にも塗ってキラキラ感をプラス♡

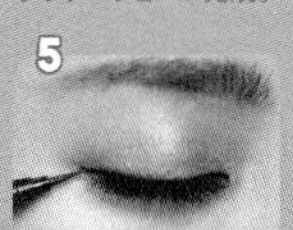

まつ毛のすき間を埋めるようにFでインラインを描く。目尻は少し伸ばして描く。

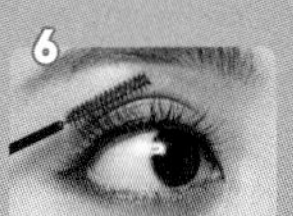

Gを上まつ毛だけに塗るよ。いつもまつ毛パーマをしてるからビューラーはしない派。

CHEEK&HIGHLIGHT

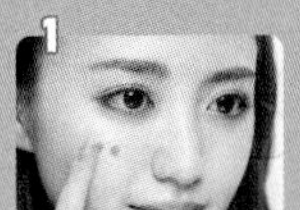

Hをほおの高めの位置にちょんちょんとおくよ。そのあと指で横にトントンと伸ばす♡

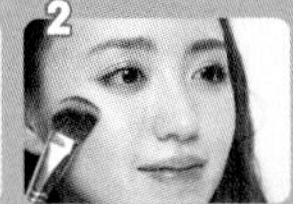

Iの左下と右下の色を混ぜたものをブラシにとって、目の横のCゾーンにのせる。

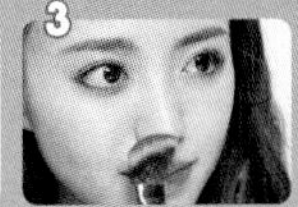

Iの右下を鼻の上にちょっとだけON。唇の山の部分には左下を指でのせて立体的に。

LIP

Jのリップを唇全体に塗るよ。オレンジベージュ系だから、下地っぽく使えるんだ♡

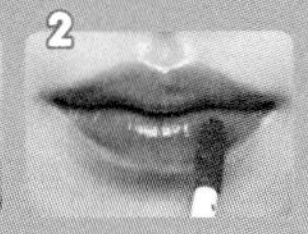

Kのグロスを唇に重ねてぷっくり感を出す。中央はたっぷりめに塗るのが最大のコツ。

なりたいフンイキに合わせてチェンジ!

LIP編

A.Dior アディクト リップマキシマイザー　B.リカフロッシュ ジューシー リブティント 01オランジェット C.クラランス リップコンフォート リップオイル03レッドベリー

1 乾燥を防ぐために、まず最初にAを唇全体に塗ってしっかり保湿&ぷっくり感を出す。

2 唇の中央部分にBをのせたら、唇を開け閉じして全体になじませる。これがベースの色♡

3 最後にCを唇全体に塗っていくよ。ほんのり赤味が足されて、ツヤツヤ感もUPするの。

好きなカラーを重ねてオトナっぽ感をおしゃれに演出

オトナっぽくしたい日

なりたい自分や季節に合わせた

Eye&Lipポイントメイク♡

その日の気分でメイクを変えるとなんだか楽しい♡
いろんな自分になれる、のんのんのポイントメイクをいろいろとナビゲート!

クール
な日

ちょこっとマットな質感が
カジュアルでカッコいい♡

リップを指に取って、唇の中央にON♡　それから左右に広げるとラフに仕上がるよ。

Dior ルージュ ディオール ウルトラ リキッド 707

ナチュラル
な日

ほんのりとピンク色の
ちゅるんとリップにキュン

まずはAで唇に血色を足す♡ そのあとBを全体的に重ねてぷるぷる感を強調させてね。

A.ケイト CCパーソナルリップクリーム RD-1　B.エテュセ ジューシーリップジェル PK1

A

B

キュート
な日

女子ウケも男子ウケもいい
ガーリーなピンクがツボ♡

グロスを唇全体に塗っていくよ。たっぷりめに塗ることでジューシーなフンイキになる♡

ちふれ リップ グロス 141

SUMMER

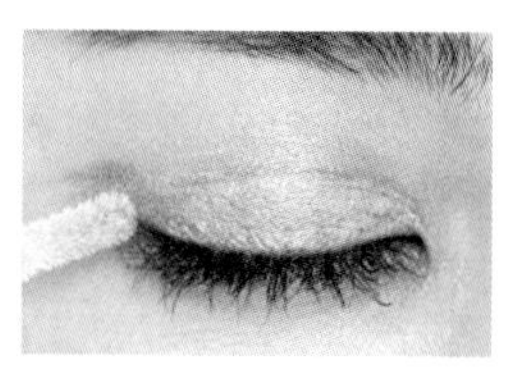

二重幅にグリーンのリキッドシャドーを広げていくよ。指でトントンとなじませても OK。

トーン ペタル リキッドアイシャドウ 01ペールグリーン

ビタミングリーンを主役に
ハッピー感もアップデート

AUTUMN

辛口なブラックラインで
オトナな横長EYEに挑戦!

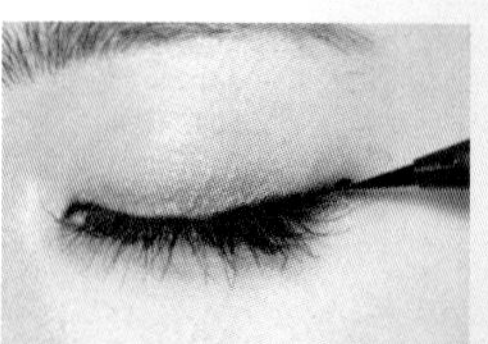

黒目の上から目尻まで、黒のリキッドでアイラインを引く♡　目尻は延長してハネ上げ!

シャネル シニャチュール ドゥ シャネル# 10

WINTER

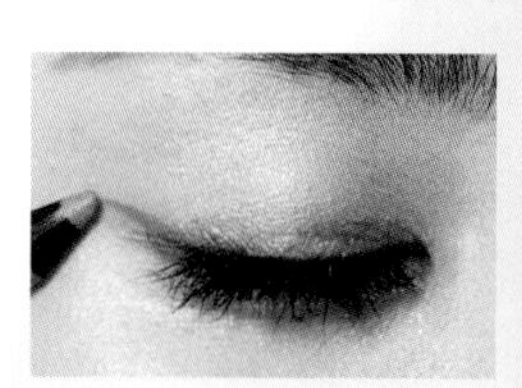

目尻側 1／3にくすみレッドのペンシルでラインを描く。先端はちょっとハネ上げるとGOOD。

ヴィセ アヴァン リップ&アイカラー ペンシル 010GRACEFUL

カラーのライナーを味方に
冬のキャット EYEを演出

SPRING

季節に合わせたアイメイクで４変化！

（EYE編）

ピンクシャドーがポイントの甘えん坊たぬきEYE♡

A.ケイト ザ アイカラー 032　B.ウズ アイオープニングライナー ブラウン　C.エテュセ チップオン アイカラー PK1　D.ケイト ザ アイカラー 026

1
二重幅が濃くなるようにAをアイホール全体に広げて、やさしいピンク感をプラスする。

2
明るめブラウンのBでまつ毛のすき間をうめるようにラインを引く。目尻は少したらす♡

3
涙袋全体にCを広げて、キラキラに〜♡　目尻にDを細く重ねてタレ目感を強調するよ。

香音がプロデュースしてるよ！

Cheritta［チェリッタ］

大きすぎず小さすぎない自然なサイズ感で、初心者さんにもおすすめのカラコンだよ♪　さりげなく可愛くなれる全6色。1day・10枚入り¥1683／T-Garden

～こだわりPOINT～

透明感のあるデザイン♥
自然に見えるDIA14.1mm♥
潤い成分配合で瞳に優しい♥

Make up point

背伸びしすぎてない等身大のオトナっぽさがいいから、ツヤのあるベージュリップをチョイス。少しオーバーに塗って、ヘルシーに見せる！

オトナっぽくしたい日

ベビーグレージュ

Baby Grege × ベージュリップ

ベビーグレージュ

透明感のある、まろやかなグレージュ。絶妙な発色と瞳をやわらかく包み込むボカシフチで、印象的だけど主張しすぎない目元になるよ♪

〝透明感のあるグレージュEYEでモノトーンコーデに抜け感をプラス〟

ファーストカラコンはpopのデビューページ！

ちょっとだけイメチェンしたいと

はじめてカラコンを着けたときは、こんなに印象が変わるんだって衝

Make up point

肌なじみのいいコーラルチークを大きめのブラシに取って、ほおの高い位置にふわっとON。ポッと蒸気したような可愛らしいほおを演出するよ。

〝優しく色づくピンクベージュの瞳でコーデに品のある色気をひとさじ〟

女っぽくしたい日

チークベージュ

Cheek Beige

コーラルチーク

チークベージュ

ぽわっと血色感があって温かみのあるピンクベージュ♡ 淡くてさりげない発色で、女のコらしさと色っぽさの両方が同時に手に入るよ。

ほかにも4色あるよ！

きのカラコン×ポイントメイク♡

撃だったな。いまは、なりたいフンイキやコーデに合わせて変えてるよ！

美髪を作る4アイテム

ウェットブラシ パドルディタングラー

絡まらないから髪への摩擦を軽減出来て、枝毛や切れ毛のダメージから守ってくれるよ。ウェットブラシプロ パドルディタングラー ピンク¥1980／ネイチャーラボ

ダイアンボヌール シャンプー&トリートメント

可愛いピンクのボトルと華やかなローズの香りがタイプ♡ ダイアンボヌール グラースローズの香り シャンプー、同 トリートメント各¥1540／ネイチャーラボ

ダイアンボヌール シグネスチャーオイル

軽い仕上がりのオイルで、髪だけじゃなくて顔や全身の保湿にも使える！ ダイアンボヌール シグネチャーオイル グラースローズの香り¥2189／ネイチャーラボ

清潔感のあるサラサラヘアをキープ♡

のんのんの美髪HOW-TO

どんなにメイクやコーデに気を使っていても、髪がパサパサだと台なし。
ツヤのあるサラサラヘアのために美髪アイテムでしっかりケアしてるよ♪

毎日のヘアケア方法を公開

サラサラヘアは1日にしてならず！　見た目の可愛さや香りのよさで、楽しみながらコツコツケアしてるよ♪

WETBRUSH　DIANE BONHEUR SHAMPOO & TREATMENT　DIANE BONHEUR SIGNATURE OIL

POINT 1

ブラッシング

おフロに入るまえに、ブラッシングで髪の絡まりや汚れをOFF。このひと手間が重要！

POINT 2

お気に入りのバスアイテム

香水みたいな華やかな香りとボトルでいやされる～♡　香音はダメージリペアタイプを使用。

POINT 3

シャンプー&トリートメント

指の腹で頭皮をマッサージするように洗うよ。トリートメントは毛先を中心になじませてね。

POINT 4

オイルでダメージケア

おフロ上がりの濡れた髪にオイルをつける。ダメージが気になる毛先を中心にON。

POINT 5

タオルドライ

ゴシゴシするのは絶対NG！　地肌や毛先の水分をやさしく押さえるようにふきとるよ。

POINT 6

毛流れを整える

ドライヤーまえにブラッシングして毛流れを整える。ウェットブラシは濡れた髪にも◎。

POINT 7

ドライヤーで乾かす

ま上から風を当てるのが乾かすときのポイント。眠いときも濡れたままは絶対寝ない！

POINT 8

毛先にオイルを重ね塗り

カラーリングでパサつきやすいから、毛先にだけオイルを重ね塗りして保湿を強化。

POINT 9

ブラシでツヤを出す

最後にまたまた全体をブラッシングするよ。オイルをなじませつつ、髪にツヤを出す！

基本の巻き髪から簡単アレンジまで！

のんのんのデイリーヘア♡

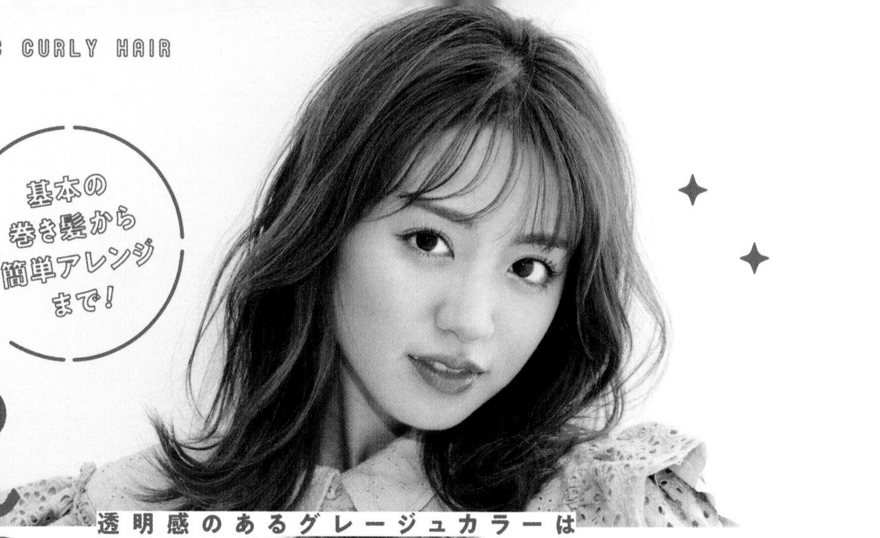

透明感のあるグレージュカラーは

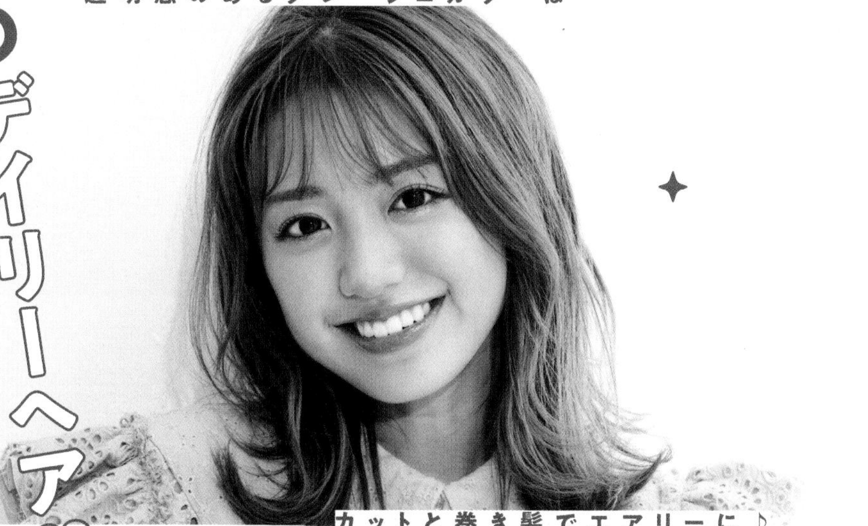

カットと巻き髪でエアリーに♪

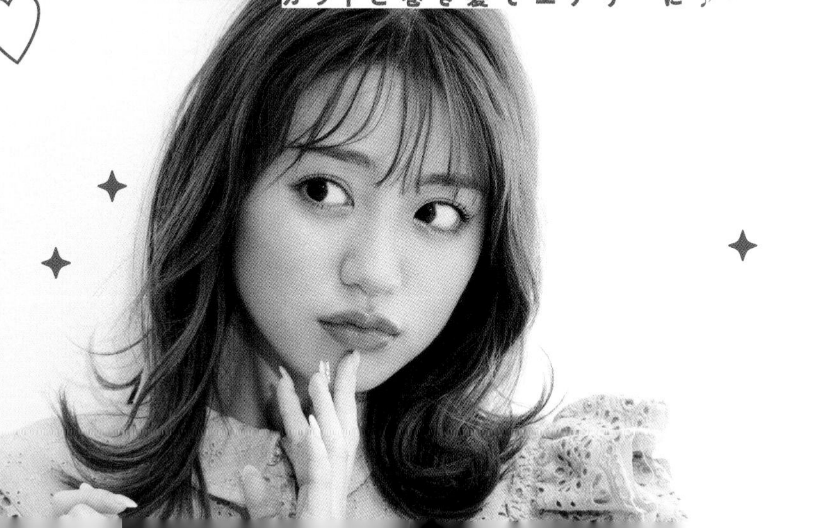

高校時代は黒髪ロングでストレートのことが多かったけど、カラーするようになったらヘアアレンジの幅が広がってさらに楽しくなったよ♡

HAIR History

黒髪ロング ▶ 明るめロング ▶ 短めボブ ▶ ミディアム

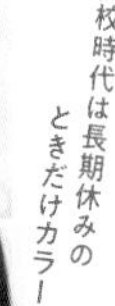

高校時代は長期休みのときだけカラー♡

高校を卒業してカラーを楽しむように♪

こんなに短くしたのは人生初！

最近は鎖骨くらいをキープしてる♡

クセ毛みたいな自然なウエーブが理想！
基本の巻き髪

HAIR DATA

カラーはミントグレージュで、少し色が抜けて明るめだよ。カットは顔まわりを短めにしてる♡

1

まずは、32ミリのコテで毛先をはさんでワンカール。全体を大きめの外ハネにしていくよ。

2

顔まわりの毛束を少し取って、コテを立てながら外巻きにする。顔まわりにニュアンスが出るよ。

3

サイドやバックから細く毛束を取り出して、外巻き&内巻きにする。髪全体に動きを出す。

4

前髪はストレートアイロンを使用。全体をはさんで毛先のほうを軽く内巻きにすれば OK。

5

指先に軽くオイルをつけて、サイドや前髪をランダムにつまんで束感を出せば完成。

服に合わせたヘアアレでおしゃれ度UP!

ぶきっちょさんでもで

Side

(ARRANGE 001)

顔まわりをすっきり出してGOODガールを演出

後れ毛カチューシャ

HOW-TO

1 **前髪を少量ずつ引き出す**
手で一度全体の髪を後ろに流したら、サイドを耳にかける。前髪は少しずつ束で取り出すよ。

2 **顔まわりの後れ毛を調整**
カチューシャをつけたら少し浮かせて、顔まわり&こめかみから後れ毛を少し引き出していく。

(ARRANGE 002)

Side

ゆるっとまとめたポニーはメンズウケも抜群だよ♡

おリボンポニテ

HOW-TO

1 **手ぐしでざっくりまとめる**
ラフな感じにしたいから顔まわりの後れ毛を少し残して、手ぐしでざっくりと後ろでひとつに結ぶ。

2 **トップの毛を引き出す**
ゴムがゆるまないように結び目を軽く抑え、トップの毛を引き出す。出しすぎないようにしてね。

きる簡単ヘアアレ♡

基本の巻き髪をベースに、のんのんオススメのヘアアレを紹介！ どれもぶきっちょなのんのんができるくらい簡単だからマネしてね♪

(ARRANGE 003)

HOW-TO

1 サイドの毛束をねじる

サイドの後れ毛を少し残して顔まわりの毛を取り、後ろに引っぱりながら上向きにねじってピン留め。

2 毛をつまみ出してゆるく

ピン留めした部分を押さえ、ねじった部分から毛束を少し引きだすよ。逆側も同様にやってね。

上品なハーフアップにねじりで愛らしさをON♡

Side

ねじりハーフアップ

(ARRANGE 004)

Top

ウサ耳みたいなおチビツインテールがおちゃめ

ウサ耳ハーフツイン

HOW-TO

1 トップの毛をツインに結ぶ

前髪を薄く残してセンターで分けたら、トップの毛を高めの位置で取って細めのゴムで結ぶよ。

2 毛束が立つように引っぱる

反対も同じように結ぶ。毛束を立たせたいから、結んだ毛束を半分に分けて左右に引っぱる。

チェリーみたいに可愛く♪

#赤香音

さくらんぼみたいにキュートに！
恋するLOVE♡チェリーGIRL

1.ニット素材だよ。ビスチェ／リルリリー　2.まっ赤なニットって愛がいっぱいで可愛い♡ ニット／MILK　3.背中がリボンになってるよ。ビスチェ／古着屋さん　4.ちょっとオモチャ感があって、おちゃめで可愛い♪　イヤリング／MILK

#ファッション
#海外ガール
#オトナガーリー

LOVEカラーで彩る
色いろ香音コーデ♡

のんのんがスタイルBOOKでやりたかった
カラー×ファッション♡ 大好きな6色を使った
ALL私服の最新のんのんコーデを披露！

ボトムの柄とイヤリングはさくらんぼだよ。ニット／FURFUR パンツ／キャンディストリッパー　イヤリング／リキュエム　ブーツ／ブランド不明

1

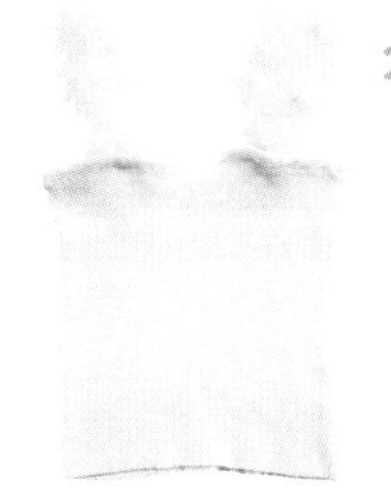

2

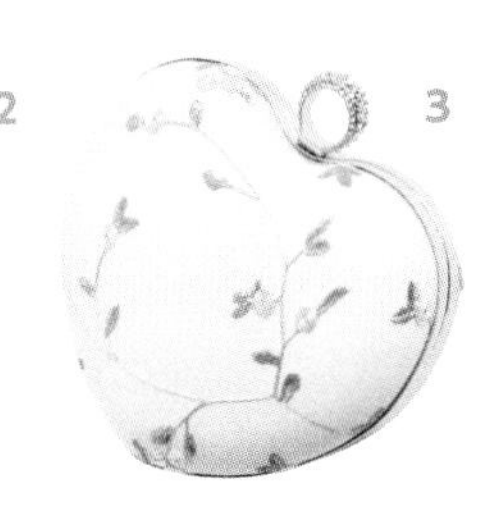

3

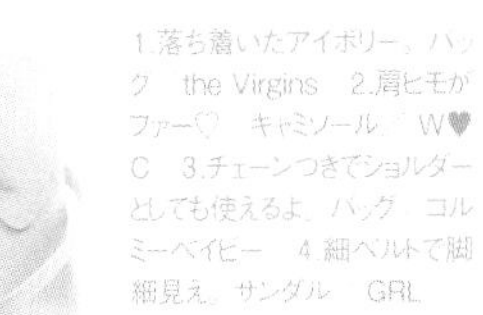

4

1.落ち着いたアイボリー。バッグ　the Virgins　2.肩ヒモがファー♡　キャミソール／W♥C　3.チェーンつきでショルダーとしても使えるよ。バッグ／コルミーベイビー　4.細ベルトで脚細見え。サンダル／GRL

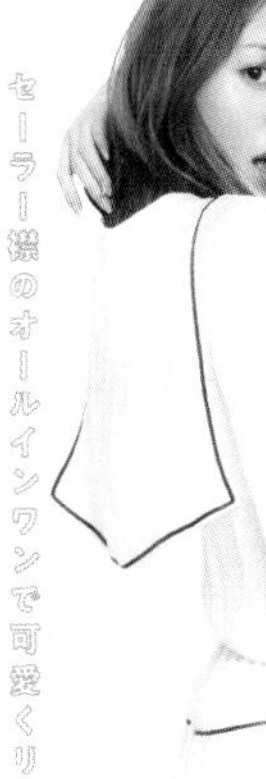

セーラー襟のオールインワンで可愛くリラックス

ゆるっとしたサイズ感とテロンとした生地で、見た目も着心地もGOOD♪　オールインワン／MILK　サンダル／スナイデル

たっぷりのレースで大人なフェアリーガーリー

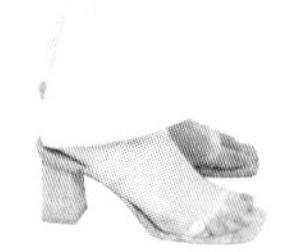

ウエストの大きめフリルでおしゃれに脚長。ワンピース／ブランド不明　イヤリング／スナイデル　シューズ／クレイル

モノトーンなら総チェリー柄でも甘すぎない♪

パフ袖やデコルテのデザインがキュート♡　ワンピース、イヤリング／コルミーベイビー　ブーツ／ブランド不明

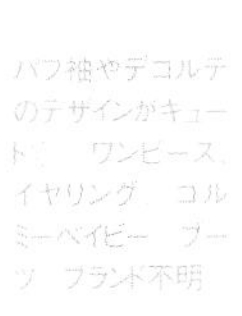

ミルクみたいにピュア♡

＃白香音

#ベージュ香音

パンケーキみたいにふわふわっと♡

キャップで甘さの中にほろ苦さをひとさじ！

足元をキレイめにしたのもポイントだよ！
ワンピース／スナイデル　帽子／スタイルナンダ　パンプス／GRL

カラフルな小花のチュールスカートで甘さたっぷり♡

ニット／イーハイフンワールド ギャラリー ボンボン　中にはいたショートパンツ／コルミーベイビー　スカート、ブーツ／スナイデル

華やかなバラみたいに♡

#ピンク香音

ふんわりエアリーなワンピでデートしよ？

バルーンになった袖や裾のデザインでひとクセ♡　ワンピース／ハニーミーハニー　サンダル／イーハイフン ワールド ギャラリー ボンボン

ざくざくニットでゆるっと可愛く肌見せ♪

パジャマパーティーがイメージ。パンツはサテン地。ニット／ワンスポ　パンツ／古着屋さん　サンダル／スナイデル

1.ゆるっとこなれ感が出る。ヘアクリップ／W♥C　2.お人形みたいになるよ♡　シュシュ／W♥C　3.ファーとバッグの組み合わせはカスタムで作ったよ！　バッグ／the Vigins　4.大きなビジューで顔まわり華やか。カチューシャ／メルシーナ　5.ママからもらったよ。大人っぽく背伸びしたいときに…♡　腕時計／カルティエ

クールなレコードみたいに！

#黒香音

チュールスカート×ロングブーツはずっと好きなコンビ♡

ヘアのBIGリボンでドール感ましましにするよ♪

最近は着やすさも重視！ グリーンがアクセント

トップス／ブランド不明　ワンピース／コルミーベイビー　帽子／シュプリーム　バッグ／スナイデル　ブーツ／ G.V.G.V.

シルエットで可愛さキープ。トップス／リルリリー　スカート／W♥C　ヘアリボン／ファンのコからもらったよ　ブーツ／ GRL

透け素材でグリーンの強さを引き算。オールインワン、中に着たトップス／メゾンスペシャル　スニーカー／コンバース

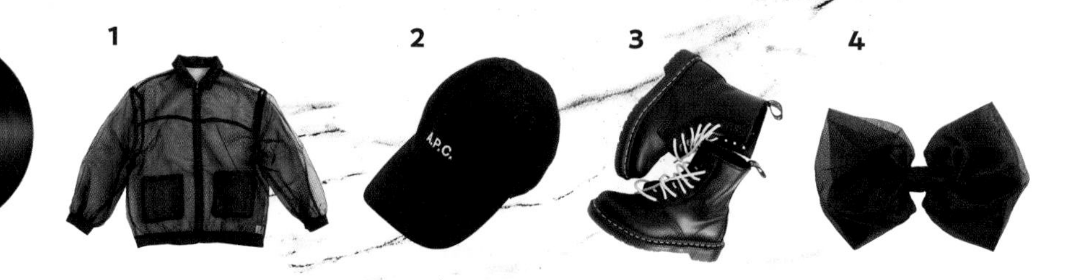

1.透け透けチュールで抜け感が出る。ブルゾン／ブランド不明
2.シンプルなデザインで使いやすい！　帽子／ A.P.C　3.甘めコーデのアクセントにぴったり。ブーツ／ドクターマーチン
4.大きめサイズが可愛い♡　バレッタ／ファンのコからもらったよ

レースのショーパンでガーリー要素をプラス

1.大きめのチュールは顔まわりのアクセントに最適。シュシュ　ラティス　2.カチューシャはたくさん持ってるよ！　カチューシャ　ラティス　3.お母さんとおそろいなの♡　財布　ボッテガ・ヴェネタ

1

2

3

ゆるニットはシャーリングを絞ってスタイルよく見せる。トップス　韓国で購入　ショートパンツ　ザラ　ブーツ　GRL

クローバーみたいにHAPPY♪

#緑香音

ヘルシーな元気コーデはカジュアルが好き♡

肌見せで女のコらしさはキープ！　キャミソール　エピヌ　オーバーオール　古着屋さん　スニーカー　コンバース

#プチプラ香音

GRLは大人女子なデザインが多くて大好き♡

グレイルは、とにかくデザインがタイプ！トレンドもしっかり押さえてるし、お財布にもやさしいの♪

甘めなシルエットはビターなブラウンで大人っぽく！

肩のフリルとマーメイドスカートが甘い♡ トップス¥1599、スカート¥2099、バッグ¥1399、ブーツ¥1299／以上グレイル

単品でも使えるセットアップはたくさん欲しい♪

カーディガンとスカートのセットアップ¥2599、バッグ¥1299、シューズ¥1999／以上グレイル ソックス／スタイリスト私物

大きな襟やポケットつきで遊び心のあるワンピ発見♡

ツイード風の柄や、ひとクセあるフリンジの袖&裾でガーリーになりすぎないよ。ワンピース¥2799／グレイル ブーツ／スタイリスト私物

1枚でおしゃれが完成するボリューム袖ワンピ！

清潔感のあるALLホワイトはお仕事にも最適♡

セットだからコーデも簡単。ジャケットとスカートのセットアップ¥4099、トップス¥999、バッグ¥1699、ブーツ¥1799／以上グレイル

ちょっぴり辛口なモノトーンは脚を出して女っぽくがルール！

華奢見えするビッグシルエット。ベスト¥1099、シャツ¥1399、ショートパンツ¥1299、バッグ¥1699、ブーツ¥1799／以上グレイル

細かいチェック柄とブラウンの組み合わせも甘すぎず大人女子にぴったり♡ ワンピース¥1999、バッグ¥799／ともにグレイル

香音の可愛いをつくる7つの言葉。

のんのんが日々大切にしている言葉たち。外見だけじゃなく、マインドでも可愛くなるヒントが隠されてるよ♡

SEVEN WORDS THAT MAKE KANON CUTE

1. 自分らしさを大切にする♡

「自分の好きなもの、好きなことに正直に♡　だって私の人生だもん！　迷ったときは心がときめくほうを選択」

持ち運びに便利なロールオンでいつでもいい香り！

香ルバームでネイルケアや毛先&首元に香りづけして可愛いを強化！

2. とっておきの香りをまとう♡

「いい香りがする女のコって、それだけで可愛さ2倍！　爽やかなピーチの香りのラブリーシックで、みんなにも幸せをおすそわけ♪」

3. 余裕をもって生活する♡

「心や時間に余裕があると視野が広がって、いろいろなことに興味が持てると思うんだ。マイペースでOK！」

4. たくさん自分を褒めてあげる♡

「毎日いろんなことをがんばってる自分はエライ！ってたくさん褒めてあげる（笑）。自分の機嫌は自分でとるよ」

香りと紫外線ケアもできるから一石二鳥！

5. 自分に自信を持つ♡

「がんばったぶんだけ少しでも自分に自信を持つと、背筋がピーンと伸びてカッコいい自分になれる気がする！」

6. 可愛いものに囲まれる♡

「ラボンホリックはレトロでポップな色使いやデザインで、持ってるだけで気分が上がる！香りも見た目も100点満点なんだ♪」

ラボンホリックは見た目も可愛くてお気に入り♪

香音がいちばんお気に入りの香りはラブリーシックだよ♡　左から、ラボンホリック香ル バーム¥1408、同 ヘアミスト¥1320、同 オードトワレ ロールオン¥1650／以上ネイチャーラボ

7. 直感やときめきを大切にする♡

「考えて行動することも大切だけど、突然の出会いや直感を信じて行動すると新しい自分に出会えることも！」

ほかの香りもあるよ！

妄想ポエムつき♡

ぜんぶ私服な のんのんデートしよ？

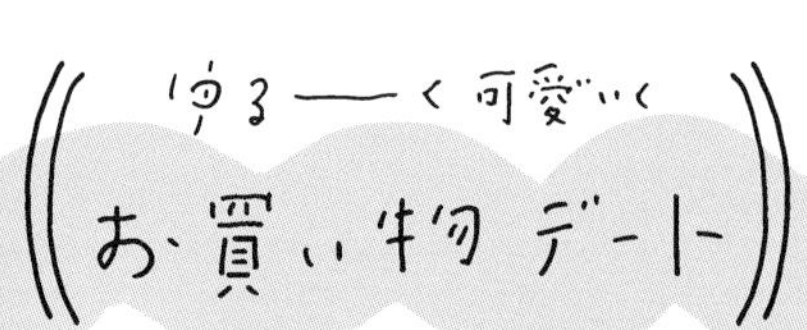

ゆる――く可愛いく

お買い物デート

恋をしたときの香音は、
どんなファッションでどんなことを考えるの？
香音が考えた憧れのデートプランをおーる私服でお届け。
可愛いポエムにもぜひ、ご注目♥

おしゃれが大好きなキミとの

デートの定番は、お買い物♥

最近、古着が気になっているキミのために

今日は私のお気に入りの古着屋さんで、

私がコーディネートしてあげるね。

ペアルックはなんだか照れちゃうから、

シミラールックしませんか？

そのためにいっぱいお洋服を探すよ。

でもね、あれ、キミのを選んでいるつもりが…

気がついたら結局自分のお洋服ばっかり選んでた(笑)。

そんな私だけど、いつでもおしゃれは

キミと共有していたいから

2人のお気に入りのお店を増やそうね♥

@GRIFFITH Vintage
東京都渋谷区神山町 42 の 2
☎ 050・7122・0061

お買い物のあとは私の大好きな

チャイティーを飲んで、ひと休み。

キミはブラックコーヒー？

さぁ、手をつないでおうちに帰ろ♥

カジュアルに スポーツデート

まるっと1日お休みの日は、
テクテクと歩いて公園に行こう♥
苦手なスポーツだってキミと一緒なら全部楽しいから
サッカーも野球もなんだってできちゃう！
あ、でもね私が運動音痴なことは忘れないで。
バカにしたらスネちゃうから
ちゃんとやさしく教えてね♥

雨が降ってきたら、
ハート柄の傘で
相合傘でもする？
たまにはそんな日が
あってもいいよね。
いっぱい走って疲れたら、
甘い甘いキャンディーを
なめながら
お散歩もしませんか？

写真もいっぱい撮って、2人だけの思い出を
これでもかってぐらいに作ろうよ。
きっと疲れなんてすぐにどこかにいっちゃうよ♥

今日は２人にとっての記念日だから、
ドレスコードをブラックにして
とっておきのおめかしをしちゃったね♥
キミが一生懸命選んでくれた
素敵なお店はまるで秘密の隠れ家みたいで
ドキドキが止まらない。

大人な気分で
夜デート

大人らしくシャンパンで
乾杯したけど食べ物が
スイーツばかりっていうのが
私らしいでしょ？

帰り道はもう暗いね。

迷子にならないようにちゃんと

手をつなご～

まだまだキミと一緒にいたいけど

0時までには帰らなくっちゃ。

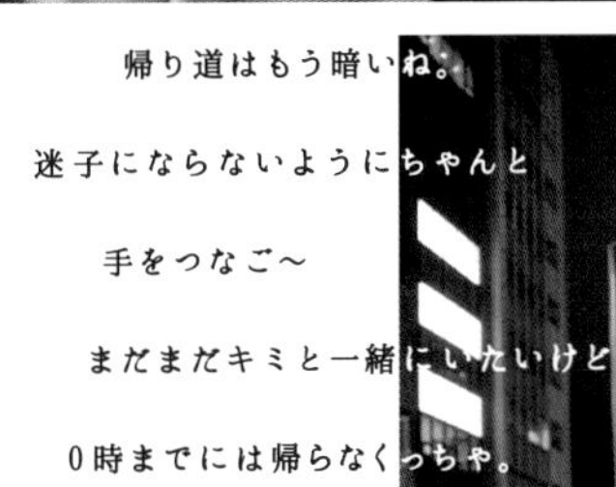

20歳になってはじめての

夜デートがキミとで

本当によかったな。

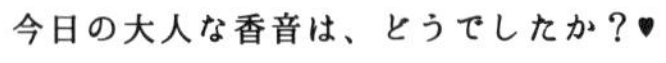

今日の大人な香音は、どうでしたか？♥

ルルルンのパックは種類豊富で
気分に合わせて選べるのが好き♪

ベビちゃんみたいな肌になるための

時短スキンケア術♡

のんのんの肌は、ぷるぷるで赤ちゃんみたいにツルンとしてるって評判！　そんな、のんのんの美肌の秘密を教えてもらったよ♪

化粧水代わりに使えるよ！

毎日使うコは大容量タイプがGOOD♡

フェイスマスク ルルルンピュア（36枚入り）￥1650／グライド・エンタープライズ

ルルルンピュア BALANCE

毎日使うと肌の調子も整うよ♪ フェイスマスク ルルルンピュア（7枚入り）￥385／グライド・エンタープライズ

香音の裏技♡

たっぷりエッセンスでパックのあとに全身の保湿もしちゃうよ〜♪

「美容成分がたっぷり含まれたシートだから、パックしたあと体にも使えるよ！ 1枚で全身すべすべになるの♡」

ピタッと密着するからパックしながらいろいろできるのがいい！

ストレッチで動いてもはがれない！

ドライヤー中の乾燥も防げる！

「ストレッチしたり、ドライヤーしたり、パック中の待ち時間も有効活用。お肌をケアしながら、さらに自分磨きしてキレイをめざすよ♪」

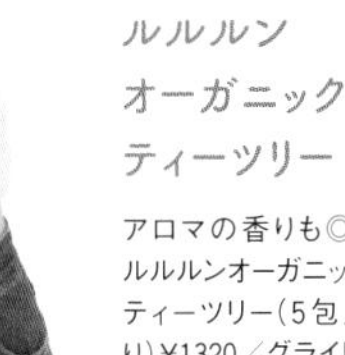

肌荒れが気になるときにもおすすめ♡

スペシャルケア！

ルルルンオーガニックティーツリー

アロマの香りも◎。ルルルンオーガニックティーツリー（5包入り）￥1320／グライド・エンタープライズ

ほかのシリーズもチェック！

モデル仲間からも憧れられる！

香音のほっそり

子どものころから脚のケアは日課♪

NONNON BODY DATA

身長157cm
体重37.5kg

ウエスト54.5cm

ROUTIN 1

保湿力が高くて肌にやさしいボディミルクで肌ケア！

USE IT！

ダイアンボタニカル ディープモイスト ボディミルク

お肌のキメを整えて、シアバター配合で全身しっとり潤うよ♡ 無添加で子どもにも使えるくらいやさしい！　500ml ¥1017／ネイチャーラボ

ダイアンボタニカルのココが好き♡

- ♥保湿力が高い！
- ♥ベタつかない！
- ♥大容量でコスパがいい！

ほかにもいろんな香りがあるよ♡

美脚ルーティン♡

いつでもスベスベ肌でいたいから、保湿は重要！ 肌にやさしくて、しっかり潤うボディークリームを探していたらダイアンボタニカルに出会ったんだ♪

太もも42cm

ヒザ周り33cm

ふくらはぎ30cm

足首17cm

ヒザ下33cm

股下75cm

ROUTIN 2

オリジナルの美脚運動やマッサージでむくみをOFF！

脚上げ&手足ブラブラ

上向きに寝転び、壁を使って脚をそろえてまっすぐ上に伸ばす。そのまま数分待つよ。次に壁を使わずに手脚を上に伸ばして、手首と足首を細かくバタバタ動かす。脚のむくみも取れるし、下っ腹も引きしまるよ。

横向き足パカ

←横向きに寝転んだら、下になったほうの腕で上半身を起こす。ひじが直角になるように曲げるのがポイントだよ。脚はまっすぐ伸ばして、太ももを意識しながらゆっくり開いて閉じてを繰り返す。反対向きも同様に。

リンパマッサージ

ボディミルクを塗って滑りをよくしてからマッサージするよ！ 手をグーにして第二関節の部分を使い、足首からひざに向かってリンパを流す。次に足首を手でつかみ、絞るようにひざのほうに流していくよ。

香りもよくて癒される～♡

のんのんが 可愛いのために 朝・夜 やってること!

モデルも尊敬するくらい、意識が高いのんのん。そんな、のんのんが可愛くなるために やってることをチェック♪ 美は1日にして成らず!

朝

ヘッドマッサージでむくみをOFF

「顔のマッサージと一緒に、ロフトで買った頭皮用のカッサで頭皮をグリグリするよ。目も覚めて一石二鳥!」

保湿効果を高めるためにスチームミストをしながらスキンケア

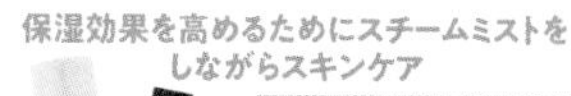

右から、ディオール カプチュール トータル セル ENGY ローション、ソフィスタンス グロウ〈乳液〉

「パナソニックのスチーマーナノケアで温スチーマーを当てると、肌が柔らかくなって化粧水や乳液の浸透がよくなる!」

肩を回して代謝を上げる

「両手をま横に広げた状態で、グルグルと肩を前後15回ずつ回すよ。肩甲骨が動いて血行がよくなる♪」

スティックタイプの日焼け止めをこまめに塗り直す

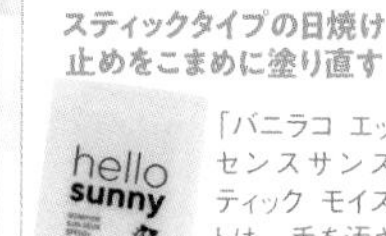

「バニラコ エッセンスサンスティック モイストは、手を汚さず塗れるから塗り直し用に持ち歩いてるよ!」

明日やろうはバカ野郎♡

夜

1日の目の疲れをマッサージで解消

「目が疲れるとハレちゃうから、眉頭下の目のくぼみの骨を眉頭から1分くらいギューっと指圧する」

鎖骨をマッサージして美デコルテに♡

「オイルをつけたら、鎖骨を指ではさんで優しくこするよ。鎖骨がきれいに出てると、女っぽさもUPする」

お風呂には発汗作用のあるバスソルト

「ティールズのフレグランス エプソムソルトは、海外セレブの間でも話題なくらい発汗作用がすごい! そのまま手にとって肌に揉み込むと、むくみもとれる♪」

寝る前のホット豆乳で体を内側から温める

「夜の豆乳は無調整が◎。ホットにして体の内側から温めると、朝むくみにくいうえに肌のハリもよくなる♡」

規則正しい睡眠を取る

「肌や疲れなど、いろんなものを回復させるのは睡眠がいちばん! 夜はなるべく24時前には寝るようにしてるよ」

Nonnon
World
海外ガールな
のんのんの
頭の中へ
トリップ…♡
好きなものや夢を詰め込んだ
のんのん流バーンブックのなかに
可愛い世界観をスクラップ。
チェリーにピンクにおちゃめな
小物…女のコのLOVEがいっぱい♡

KIRSH
GIRL
DO
MORE
OF WHAT
MAKES
YOU
HAPPY
MILKFED.

love

I Love
ベビーピンク、ビビッドピンク、
くすみピンク…いつだって
心をときめかせてくれる
ピンクって最強♡
love

CONGRATS!
pink
Forever
子どものころから大好きなカラー♡
好きなファッションやメイクは
少しずつ大人になっていくけど
きっと、ずっと、永遠に…
ピンクを愛してる♡
身にまとうだけで
可愛くなれるピンク。
ガーリーな日もカジュアルな日も
ピンクにまみれたい♡
Hug me

Hubba Bubba
BUBBLE TAPE
tangy tropical
I LOVE U
005436
BEMYBABY RECORDS
LOVE ME
2020
HUGS & KISSES
397145
the world
HARIBO
Starmix
DUO LADY

Love me...

のんのんの大人気連載♡

かのんわ〜るどへようこそ

香音の可愛い世界観をつくるパワーワードを発信していた連載は、毎回大人気♡　リニューアルしたり、拡大版になったり…全連載をここに一挙、公開!

連載スタート♡

#インスタ映えアイテム

2020年5月号

「POPで自分の連載を持つことが１つの目標だったから、第１回目は気合いがすごかった♡」

#DIYペイントスニーカー

2020年6月号

「じつはDIYが得意ってことで、スニーカーをペイント。われながらよく出来たと思ってる!」

#愛されインスタ

2020年7月号

「SNSが苦手だった香音が撮り方講座をやってみた♡　みんな、参考にしてくれたかな?」

#フード

2020年10月号

#黒

2020年11月号

「いろんな顔を持つ黒の世界を表現!　スイートな黒とスパイシーな黒、どっちもいいよね」

「このケーキの帽子、仲よしのスタイリストさんがつくってくれたの。うれしかったなぁ♡」

2020.5-2021-10

#拡大版♡

2020年8月号

連載が好評ってことで4ページに拡大。しかも自分の私服だけだったから特別感があった♡

#キラキラ

2020年9月号

はじめてのリニューアル！　顔にキラキラの文字でKANONって描いて、楽しかったな

#プレゼント

2021年1月号

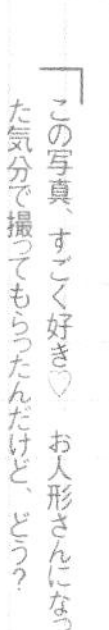
この写真、すごく好き♡　お人形さんになった気分で撮ってもらったんだけど、どう？

2021年3月号

香音の愛するものがい～っぱい。自分がトランプになったようなデザインもお気に入り！

#フラワー

2021年4月号

花かんむりには本物のお花がたくさん使われているの。このカットは連載No.1で大好き♡

#のんのんがーるず&のんのんぼーいず

2021年5月号

「ファンのコからの質問にいっぱい答えることができてうれしかった。颯太も載ってるよ♡」

#オトナ

「20歳の香音のオトナっぽさを一生懸命出してみた♡ ライティングがキレイすぎた～」

2021年6月号

#ウエット&ドライ

2021年7月号

「梅雨の季節だからウエット&ドライ。どちらの質感も好きだから比べられてよかった♡」

最終回!!

#かのんわーるど

「最終回は香音のお部屋っぽく。連載は最後まで大好きなスタッフさんと一緒で楽しかったな」

2021年10月号

スペシャルコラボ

KANON×LINDA COLLABORATION

#プリンセス

憧れのLINDAｻﾝとのコラボで人魚に変身♡
対談までしちゃって、刺激をもらったよ。

2021年9月号

NO MUSIC NO LIFEな KANON's PLAY LIST♡

7歳のときから音楽ラバーの香音が、○○なときに聴きたいお気に入りソングをいろいろとリストアップ♡　みんなもぜひ聴いてみてね。

恋をしたとき

"Romeo+Juliet -Love goes on-"
平井 大

優しい歌声と大切な人を想う気持ちが表れた歌詞がすごく好き♡　この曲を聴くだけで幸せを分けてもらえた気持ちになって、心が愛でいっぱいになる！

OTHER!!

"明るい未来" never young beach

"洗濯機と君とラヂオ" マカロニえんぴつ

リラックスしたいとき

"With U (feat.monvmi,Lil Cotetsu SUICIDE RYUSEI)"
BBY NABE

声がものすごくキレイだから、耳に入ってくるとゆるーんとした幸せな気持ちになるの。音も優しいから、寝る前に聴いてもGOOD。いい夢が見れるはず♡

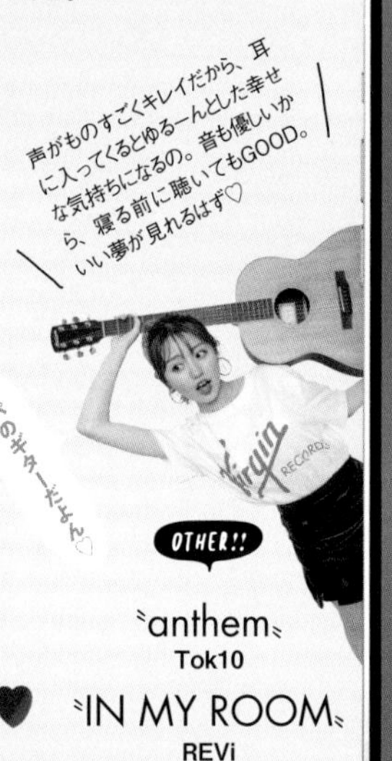

パパのギターだよん♡

OTHER!!

"anthem" Tok10

"IN MY ROOM" REVi

勝負のとき

"Too Bad Day But..."
Kvi Baba

これはね、とにかく歌詞が最強！　男女関係なく前向きになれるし、共感できると思うの〜。ガッツがもらえてがんばるパワーがMAXになるってかんじ!!

OTHER!!

"Perfect" Anne-Marie

"Romeo&Juliet" LEX

ビートや声が心地いいだけじゃなくて、テンポがいいから1人でも盛り上がれちゃう！　とくにイントロが好きで、何かをはじめるときに聴くのもいいよ♡

OTHER!!

Hyperpop Star
Only U

Symphony
Clean Bandit

元気になりたいとき

One Love feat.kZm
BIM

ラップなんだけど、すごく聴きやすいからラップ初心者さんにもオススメ。ポジティブな歌詞だから朝から聴くとその日1日がごきげんモード全開♡

OTHER!!

10,000 Hours
Dan+ Shay and Justin Bieber

Take It Easy (feat.唾奇)
WILYWNKA

朝起きたとき

Dream Chaser (feat.BIM)
kZm

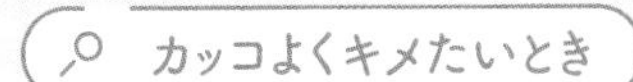

カッコよくキメたいとき

Last Week (feat.IO,Gottz&MUD)
KANDYTOWN

提供: ワーナーミュージック・ジャパン

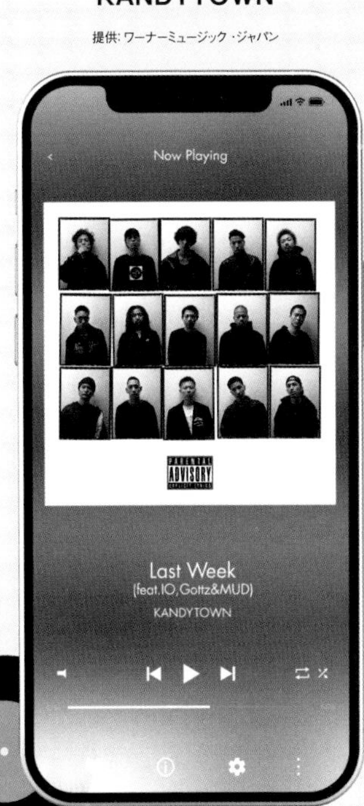

いかついラップとクルーのみんなめちゃくちゃカッコいい♡お部屋で聴くのもいいけど、本当はライブで聴きたいな。自分もカッコよくなれてる気分にさせてくれる1曲！

OTHER!!

Smash!!!
DJ KANJI

Best Way 2 Die
DJ CHARI&DJ TATSUKI

Kanon
120
Question

香音への420のQuestionはじまるよ♡

だって4月20日生まれなんだもん!

香音のあれこれをまるっと知れる420のQ&Aをご用意したよ。すみずみまで見逃さないようにご注意を♥

#Private #Work #Popteen
#Fashion #Beauty #If
#Love #Like

#Private #Popteen #Work #Fashion #If #Beauty #Love

Start

#private

1　長所はどこ？
落ち込んでもすぐ復活するところ、
めちゃめちゃポジティブ♥

2　短所はどこ？
がんばって覚えても、
すぐに忘れちゃうところ。

3　自分では、どんな性格だと思う？
自分に素直な性格！

4　まわりからはどんな性格だと言われる？
香音の性格って香音じゃないと
通用しないよねってよくいわれる(笑)。

5　名前の由来は？
音楽に囲まれた、いい香りのする
女のコになるように。
パッヘルベルのカノンも由来のひとつ♥

6　生まれた時間は？
14時22分。

7　趣味は？
最近はビーズネックレスづくり

8　特技は？
ドラム！

9　家族構成は？
父、母、弟、犬の颯太（ふうた）。

10　お父さんと似ているところは？
ちょっとぬけてるところ♥

11　お母さんと似ているところは？
負けず嫌いなところ！

12　弟とはどんな会話をするの？
近況報告とおでかけのお誘い～。

13　家族自慢を１つして♥
みんな仲よしで、夜にはトランプ大会がある！

14　家族はどんな存在？
いちばん素でいられる存在。

15　家族を動物に例えると？
父→フェレット　母→ライオン
弟→メガネザル　颯太は颯太♥

16　自分を動物に例えると？
見た目はタヌキ、中身は黒ヒョウの赤ちゃん。

17　お父さんの好きなところは？
やさしい♥

18　お母さんの好きなところは？
家族思い♥

19　弟の好きなところは？
香音のわがままを笑ってきいてくれる！

20　お父さんの直してほしいところは？
野球見ているとき、うるさいところ！

21　お母さんの直してほしいところは？
ガミガミな怒ること（笑）。

22　弟の直してほしいところは？
ルーズなところ！

23　ずばりお父さん似？　お母さん似？
最近はお母さん！

24　弟とケンカしたことはある？
めちゃめちゃある！

25　颯太の特技は？
すねたフリ！(笑)

26　颯太の可愛いところは？
分かりやすく、かまちょ♥

27　１日颯太になったら何をする？
大草原を走り回る！

28　颯太がしゃべれたら何を聞く？
「いちばんおいしいごはんってなんなのー？」

29　基本、何時に寝て何時に起きるの？
１時に寝て、７時に起きる！

30　自分だけが信じてるジンクスは？
日記に書くと、ちょっと叶う♪

31　密かに毎日続けていることは？
肩回し。

32　最近のブームは？
海外ドラマを見ること。

33　人生のモットーは？
楽しくて、悔いのない人生を送る♥

34　得意料理は？
オムライス！

35　だれにも負けない強みは？
自己プロデュース力！

36　○○恐怖症とか、ある？
虫と変な臭い！

37　生きるうえでのマイルールを３つ♥
１ありがとうの気持ちを忘れない。
２毎日全力。
３自分を信じる。

38　座右の銘は？
明日やろうはバカ野郎！
これはずっと変わらない（笑）。

39　宝物は？
毎日に癒しをくれる、颯太♥

40　朝起きていちばんにすることは？
音楽を聴きながら伸びをする。

41　寝る前に必ずすることは？
颯太をなでる♥

42　いちばん幸せな瞬間は？
アイスを食べているとき！

43　寝起きはいい？
悪い！

44　食わず嫌いしているものは？
ドリアン。

45　自分のお部屋の広さはどれくらい？
4畳半ぐらい！

46　部屋はきれい？
毎日そうじしてるから、最近はきれい♥

47　笑顔の原動力は？
応援してくれる人たちの声。

48　ハッピーでいる秘訣は？
楽しいことを考えて、楽しいことをする♥

49　どうしても治せないクセは？
半目で寝ること（笑）。

50　ログセは？
「違うの～」。

51　つい集めちゃうものは？
パック♥

52　得意なモノマネは？
スティッチ。

53　人にされていちばん嫌なことは？
ウソをつかれること。

54　人にされていちばんうれしいことは？
いいサプライズ♥

55　人にいわれてうれしい言葉は？
「一緒にいると落ち着く！」。

56　ウソつくのは得意？
たぶん不得意。

57　ストレス発散法は？
音楽をガンガンに聴く！

58　落ち込んだときはどうする？
やさしい音楽を聴く。

59　自信をなくしたことはある？
あるよ。

60　自信をつけるためにすることは？
自分ならできると信じる！

61　怒るとどうなる？
だまる！

62　占いは信じる？
いいことだけ♥

63　動物占いの結果は？
浮き沈みのはげしい黒ヒョウ。

64　学校でのキャラは？
おとぼけキャラ（笑）。

**65　学校の友だちには
なんて呼ばれてる？**
香音！

66　得意科目は？
美術。

67　苦手科目は？
数学。

68　ステショはどこで買う？
PLAZA。

69　新しく習い事をはじめるなら？
弓道。

70　大学に行ってよかったと思うことは？
視野が広がった！

71　大学生のうちにやっておきたいことは？
教授と仲よくなること。

72　大学ではどんな勉強をしてるの？
美術系のこと♪

73　テスト期間中の勉強法は？
暗記ものは部屋の中を歩きながら覚える！

74　勉強をがんばる方法は？
終わったあとのごほうびをつくる。

**75　勉強は短期集中？
それとも長期でじっくり？**
短期！

**76　課題のやる気が
でないときはどうする？**
その日は諦めて、やらない！！

77　ペラペラに話してみたい他言語は？
英語！

78　取得したい資格は？
とくにないな～。

**79　高校生のうちにやって
おくべきことは？**
たくさん制服を楽しむ♥

80　高校時代のテストの最高得点は？
70点だと思う！

81　高校時代のテストの最低得点は？
3点…。

82　ランドセルの色は何色だった？
パールピンク！

**83　友だちとケンカしたら
どうやって仲直りする？**
自分の思いをちゃんと伝えて、
謝るべきだったら謝る！

**84　どうしても友だちに
なれないのはどんな人？**
ウソが多い人。

**85　運動音痴だけど
得意なスポーツは？**
卓球と陸上。

86　一度でいいから会ってみたい人は？
ジャスティン・ビーバー。

87　やってみたいアルバイトは？
アイスクリーム屋さん。

88　視力はいい？
ちょっと悪くなってきたけど、
メガネはしなくて大丈夫。

**89　自分を
プリンセスに例えると？**
ラプンツェル。

90　推しといわれて思いつくのは？
香水推し！

**91　プリクラで
よくやるポーズは？**
さくらんぼポーズ。

**92　どうしてさくらんぼが
好きなの？**
見た目とおいしさ♥

93　誕生日にもらってうれしいものは？
なんでもうれしいけど、
お手紙は特別うれしい！

**94　いま、ひとつだけ
願いが叶うとしたら？**
ユニバかディズニーに行きたーい♥

95　右利き？　左利き？
右！

96　小さいときの夢は？
お医者さん！

97　毎日どんなことを考えてる？
今日やるべきことをおもに（笑）。

98　1日オフになったら何をする？
早く起きて、断捨離して、
颯太のお散歩して、お買い物に行く！

99　休みの日の楽しみは？
時間を気にせずにいろいろできること！

100　100問目まできたけど、いまの気持ちは？
まだまだ元気！　言葉が足りるかな…って不安はある（笑）。

101　1人で部屋にいるときは何をしているの？
音楽を聴いたり、片付けしたり！

102　お部屋にさくらんぼはいくつある？
4つぐらい。

103　ベッドカバーの色は？
白。

104　頭の中で考えていることの割合を教えて♥
お仕事が50、家族&友達が20、
ファンの子が20、食べ物が10 ♥

105　いままででいちばん痛い思いをしたことは？
高1のとき運動会で、
大なわ跳びのなわに引きずられたこと。

106　いままででいちばんヤバいと思ったことは？
いつも使う最寄駅なのに電車を
間違えたこと。

107　いままでいちばん幸せを感じたことは？
新しいお仕事が決まるタイミングで
毎回、ものすごい幸せを感じる！

108　最近あった恥ずかしい話は？
颯太と遊んでたら、私がこけた！

109　最近あった大笑いした話は？
洗濯したら私の服が縮みすぎて、
颯太の服みたいになってたこと！

110　最近ときめいたことは？
すごい可愛いお洋服を見つけたこと♥

111　最近びっくりしたことは？
おうちに届いたダンボールに
いも虫がくっついてた！

112　最近キュンとしたことは？
朝起きたら颯太が
顔をぺろぺろしてきた♥

113　最近学んだことは？
リスクヘッジって言葉の意味！

114　最近見た夢は？
知らない人たちと
命がけの鬼ごっこしてた！

115　最近のお悩みは？
水が2ℓ飲めないこと…。

116　では、最近の調子はどう？
いいよ♥

117　20歳になって変わったことは？
自分でいろいろと考えられる力が出てきた！

118　大人になったなと思う瞬間はどんなとき？
ごはん屋さんの予約を自分でしたとき！

119　20代のうちに叶えたいことは？
香音ブランドをつくる♥

120　いちばん悩みが多かったのはいつ？
いま！

121　5年後の自分にひとこと！
ちゃんと自分の思うような
香音になれてますか？

122　車の免許はいつとったの？
20歳の夏！

123　自分の運転ではじめて行ったのは？
近所の公園。

124　プライベートで気をつけていることは？
食べすぎに注意してる！

125　人間として尊敬するのはどんな人？
自立している、カッコいい女性♥

126　女のコでよかったと思うのはどんなとき？
ママとお買い物しているとき♥

127　男のコになりたいなと思うのはどんなとき？
スーツをカッコよく着ている人を見たとき！！

128　モチベのあげかたは？
自分のいいところを探す！

129　意外な一面を教えて♥
こう見えて、性格はサバッとしてます♪

130　毎日を楽しく生きるコツは？
全部をポジティブにとらえること！

131　嫌なことはどうやって忘れる？
寝たら忘れるよー。

132　10年後の自分にひとこと！
30歳かぁ。カッコいい
女性になってるよね！

133　お財布の中身、基本いくらぐらい？
1万円から2万円くらい。

134　まだ話したことのない秘密を教えて！
実は最近、キャンドルをつけたら
髪がちょっとこげたから自分で切った。

135　自分に気合いを入れるときのセリフは？
「香音ならできるよ！」。

136　尊敬している人は？
ママ♥

137　子どものときにハマっていたものは？
プリキュア♥

138　香音の出没スポットは？
東京のスタバ

139　いま行きたいおでかけスポットは？
海！

140　世の中でいちばんこわいものは？
人間…。

141　世の中でいちばん嫌いなことは？
お世辞！

142　自分へのごほうびって何？
小さいごほうびはアイスで、大きな
ごほうびはずっと狙ってたアクセやバッグ！

143　よく検索するワードは？
最新ヒップホップ。

144　LINEの返信ははやい？おそい？
返信はね、遅いです。

145　よくLINEのやりとりをするのは？
いちばんはママ。

146　LINEと電話、どっちが好き？
電話！

147　カラオケの十八番は？
中島みゆきさんの『地上の星』と
きのこ帝国の『クロノスタシス』。

148　お医者さんでいちばん苦手なのは？
注射！

149　寝るときはどっち向き？
上向き。

150　自分の子供につけたい名前は？
えー、むずかしいけど、
やさしい響きの名前がいい！

**151　自分が男のコだったら
どんな名前がいい？**
カッコいい名前がよくて、
隼人（ハヤト）！

**152　猫を飼っていたら
どんな名前にする？**
コネちゃん♥

**153　サプライズはしたい派？
してもらいたい派？**
両方大好き！

**154　いちばんうれしかった
サプライズは？**
お誕生日は毎回すご一くうれしい♥

155　いつも持ち歩いているものは？
イヤホン！

**156　挑戦したいけど
ずっとできていないことは？**
留学。

157　挑戦したい楽器は？
ギター！！

158　ヒップホップを好きになったきっかけは？
高１のとき聞いた、唾奇さんの曲！

159　ドラムでよく叩く曲は？
ONE OK ROCK さんの曲。

160　ドラムで演奏してみたい曲は？
クリープハイプさんの『HE IS MINE』。

**161　毎日、携帯を触っている
時間はどれくらい？**
８時間とか…？

162　よく使うアプリは？
Apple Music。

163　はじめての海外旅行は？
サイパン！

164　はじめてドラムを叩いた曲は？
マイケル・ジャクソンの『Beat It』。

165　はじめてもらったプレゼントは？
たぶん、お人形のみみちゃん。

166　ところで、泳げる…？
あんまり…。

167　ぬいぐるみは何個持っているの？
10個くらい。減ったよー。

168　フライトのときのマストアイテムは？
イヤホン！

169　じゃんけんは強い？
弱い！

170　どんなおばあちゃんになりたい？
おしゃれでカッコいいおばあちゃん。

171　大みそかは何を食べる？
年越しそば！

172　お正月はどうやって過ごしてる？
家族でのんびーり。

173　コンビニにいくとついつい買っちゃうの
ガム。

174　遊園地に行ったらまず何に乗る？
ジェットコースター！

**175　ディズニーで
いちばん好きな乗り物は？**
スペースマウンテン！

176　ディズニーはランド派？　シー派？
どちらかというとシー派♥

177　キャンプと温泉、行くならどっち？
温泉！

178　春といえば？
花粉！

179　夏といえば？
セミ。

180　秋といえば？
おいも♥

181　冬といえば？
クリスマス！

182　甘党？　辛党？
両方好きだけど…甘党♥

183　毎日必ず飲むものは？
お水！

184　いまハマっているお菓子は？
干しいも♥

185　パクチーは克服できた？
NO！

186　ブラックコーヒーは飲める？
ちょっとだけなら。

187　朝ごはんはパン派？　お米派？
お米かなー、最近は。

188　目玉焼きには何をかける？
ソース。

189　お酒で酔っ払ったことはある？
まだない！

190　よく行くカフェは？
スタバ♥

191　スタバに行ったら何を頼む？
チャイティー♥

192　マクドナルドでよく食べるものは？
マックフルーリーとプチパンケーキ。

193　パンケーキの味つけは何派？
メープルバター派♥

194　かき氷のシロップは何派？
いちごミルク。

195　白米のベストパートナーは？
おふのお味噌汁！

196　食パンのベストパートナーは？
いちごジャム！

**197　420質をやっているいま、
何を食べたい？**
お肉とチーズ！

198　自分の世界観をつくるコツは？
自分の好きなものをとにかく貫く！

199　かのんわーるどって、
どんな世界？
私の思う〝可愛い〟でつくられている、
内側からときめく世界♥

200　200問目まできたけど、
いまの気持ちは？
まだ半分もいってないんだ…(笑)。
こんなに1度に答えたことない！

201　モデルになってよかったことは？
いろんな自分になれること。

202　モデルになって大変なことは？
朝がちょっと早い！

203　モデルになって変わったことは？
自分の見せかたが分かるように
なってきたし、美意識もあがった♥

204　モデルとして
気をつけていることは？
スタイルをキープすること。

205　モデルとして必要な
3大要素は？
1. 洋服をキレイに着る！
2. スタイル維持！
3. 常に進化しようとする気持ち！

206　モデルをやってきたなかで
いちばん思い出深い企画は？
いっぱいあるけど…ニコ☆プチでの
沖縄ロケ！　お仕事でお泊まりしたのが
はじめてでドキドキした。

207　ランウェイを歩いているときは
何を考えてるの？
見てくれているみんなのことを
考えながら気分をあげてる♥

208　海外ガールの魅力って？
自分の好きなものを堂々と
着ている感じがするところ！

209　海外ガールになるために
まずなにをすべき？
まずは海外ドラマを見るべし♥

210　海外ガールのお手本は？
ヘイリー・ビーバー。

211　女優さんとして
気をつけていることは？
その役にどれだけ近づけるか。

212　女優さんとして
演じてみたい役は？
スパイ！

213　ドラマで共演してみたい人はいる？
大好きなメイ(永野芽郁)ちゃん。

214　出てみたいテレビ番組は？
ガキ使(笑)。

215　YouTubeでやってみたい企画は？
爆買い♥

216　芸能界ってどんなところ？
キラキラしている人がたくさんいる、
パワーのある世界！

217　いちばん楽しかったお仕事は？
どれも楽しいけど、
ニコラ時代の海外ロケ♥

218　ライバルはいる？
ずーっと、ライバルは自分！

219　ファンはどんな存在？
お仕事でうれしいことがあったら
いちばんに伝えたいし、
一緒に成長したいと思える存在。

220　ファンレターは
どこに閉まってるの？
地下のお部屋においてあるよ。

221　いまのお仕事をして
いなかったらどんな20歳だった？
アメリカとかに留学してたかも！

#Work

thinking

#PopTeen

222　POPの好きなところは？
自分の個性を出せるところ。

223　POPの大変なところは？
個性をどうやって出すか＆伝えるかを
考えなきゃいけないこと。

224　POPでいちばん
成長したことは？
自分の考えを伝える力が成長した！！

225　POPをひとことで表すと？
(いろんな個性が集まった)
フルーツタルト★

226　POPに感謝していることは？
いろんな人に出会えたこと♥

227　POPにひとこと文句を！
抜き打ち系が多すぎ！(笑)

228　POPでいちばんのハプニングは？
撮影中に自転車から落ちて転んで
ひざをすりむいたこと！

229　のんのん連載で
いちばんのお気に入りは？
テーマがフラワーで
お花の冠をかぶったやつ♥

230　POPデビューしたての
自分にひとこと♥
全力でやっていたら、
あっという間だよ！

231　POPモデルで
笑いのツボが合うのはだれ？
りる(あいりる)ちゃん♥
なんでも笑ってくれる。

232　POPモデルで
食の好みが合うのはだれ？
あやみん♥
韓国料理とかタイ料理とか！

233　POPモデルで
ついつい気になるのはだれ？
たこ(ゆなたこ)ちゃん♥
すばしっこいから。

234　のんのん以外でニックネームを
つけるとしたら？
のんちゃん♥

235　ファンマーク🍒🍼の由来は？
さくらんぼが好きなのと、
ベビちゃん顔だから♥

236　のんのんがーるず＆ぼーいずを
漢字1文字で表すと？
繋。

237　のんのんがーるずにひとこと♥
一緒に可愛くなって、素敵な女性に
なれるようにニコイチでがんばろうね！

238　のんのんぼーいずにひとこと♥
お互いにまっすぐパワーを届けあって、
これからも最強になろうね。

239　のんがる＆のんぼいと
一緒にやってみたいことは？
みんなで鬼ごっこ♥

240　スタイルブック発売が決まった
ときのひとことは！
「えー、うれしい♥」。

241　スタイルブックで
注目してほしいページは？
タイトル通り、ぜーんぶ！

242　スタイルブックに
ピッタリの曲は？
ケイティ・ペリーの
『Last Friday Night』。

243　スタイルブックに
テーマをつけるとしたら？
〝可愛い〟の教科書。

244　スタイルブックの
いちばんのこだわりは？
全ページ、香音監修ってこと。

#Fashion #Beauty

245　なんでそんなに可愛いの？
ありがと♥　自信を持ったら、どんどん可愛くなるし、進化したいと思う気持ちが大事！

246　香音にとって可愛いの定義とは？
見た目だけじゃなくて、自分が好きな自分でいること！

247　あか抜けるためにまず、することは？
肌をキレイにする＆ダイエットする。

248　香音にとってファッションとは？
自信を身につけられるもの。

249　香音のテイストに新しく名前をつけて！
のんモード♥

250　これから挑戦してみたいファッションの系統は？
超オトナなハイブランドMIX。

251　最近買ったおしゃれアイテムは？
白のニット♥

252　よく行くお買い物スポットは？
原宿かな。

253　靴は何足持っているの？
ママとシェアするから40足ぐらい！

254　最近、よく着ているブランドは？
SNIDELかな。

255　お洋服を買うときの条件は？
直感型だから、可愛いとピンときたら♥

256　香音のおしゃれに欠かせないアイテムは？
高さのあるお靴。

257　おしゃれになるために必要なことは？
いろんな雑誌を読むこと？

258　1日のコーデはどうやって決める？
その日いちばん着たいアイテムをまず選ぶ。

259　いま気になるブランドは？
スドークとリチャードソン。

260　自分にいちばん似合う色は？
ベージュかな。

261　スカートとパンツ、どっちが多い？
スカート！

262　大学生香音の定番ファッションは？
ゆるめのニット×ロングスカート。

263　おうち香音の定番ファッションは？
だぼっとスウェットのセットアップ。

264　お財布のブランドは？
マルジェラ。

265　いつか絶対に買いたい憧れのアイテムは？
Diorのオートクチュールドレス！

266　いままででいちばん高いお買い物は？
ドラムのセット。

267　クローゼットの整頓方法は？
色別に整頓！

268　次に何かプロデュースするとしたら？
コスメがいい♥

269　チャームポイントはどこ？
長いまつげ。

270　コンプレックスはどこ？
食べすぎるとすぐポッコリするおなか！

271　スキンケアのルーティンは？
スチームかけながらクレンジング→洗顔→化粧水→美容液→乳液！

272　美肌キープの特効薬は？
クレイパック♥

273　肌が荒れたらどうする？
皮膚科に行く！

274　美のお手本はだれかいる？
メグベイビーさん♥

275　初メイクは何歳？
小5かな。

276　メイクは何からスタートする？
日焼け止め♥

277　メイクのこだわりは？
ナチュラルさとツヤ感。

278　肌に透明感を出すにはどうしたらいい？
日焼けしないことかな。

279　毎日メイクにかかる時間は？
10〜15分。

280　香音メイクでいちばん大事なことは？
ハイライト！

281　アイメイクのこだわりは？
抜け感♥

282　イエベ？　ブルベ？
たぶんイエベ！

283　いちばんお気に入りのコスメブランドは？
Dior ♥

284　オススメの下地を教えて！
Dior のスノー UV シールドトーンアップ 50 +。

285　オススメのリップは？
リップは、AMUSE が好き。

286　リップはマットとツヤ、どっちの気分？
ツヤ！

287　苦手な香りは？
ウッディーすぎる香り。

288　まつげサロンはどこ？
今は『Une fleur』。

289　いちばん落ち着くヘアスタイルは？
おろしのゆる巻き。

290　よくやるヘアアレンジは？
ポニーテールかな。

291　前髪のこだわりは？
ちょっと薄め♥

292　挑戦してみたい髪色は？
ピンク！

293　好きに髪型を変えていいとしたら?
くりんくりんのカールヘアとか♥

294　ショートヘアにする予定は？
まだないかなー。

295　ヘアサロンはどこ？
表参道の『Lewin I'll』。

296　ヘアサロンには月に何回行く？
3週間に1回♥

297　オススメのネイルカラーは？
透け感のあるピンク。

298　ネイルサロンへは月に何回行く？
月1かな。

299　よくネイルサロンはどこ？
いろいろ変わるけど『Alum Nail』とか。

300　300問目まできたけど、いまの気持ちは？
やっと300！　なんかうれしい♥

301　いまの身長と体重は？
157cmで、37kg。

302　いちばん太っていたときの体重は？
41kg！

303　いちばん背が伸びたのは何歳のとき？
小6かな。

304　お風呂で最初に洗う場所は？
髪の毛。

305　やったことのあるダイエットは？
断食、ランニング、置きかえ、酵素、プロテインぐらい。

306　顔がむくんだときの対処法は？
血流をよくするマッサージ！

307　ダイエット中におすすめのごはんは？
ササミ！

308　お菓子の誘惑をたちきる方法は？
自分に甘えず、「可愛くなりたいんでしょ？」と問いかける。

309　スタイルキープの方法！
軽い運動を続ける。あとはやっぱり食事制限かな。

310　可愛いとキレイ、いわれてうれしいのは？
両方！

311　失敗したダイエットは？
断食！　やりすぎは注意。

#If

312　もしも自分で雑誌をつくるなら、タイトルはなに？
CANon（キャノン）とかどう？

313　もしもひとつ魔法を使えたら？
なんにでも変身できる魔法！

314　もしもタイムマシーンがあったら過去と未来どっちにいく？
未来はまだ見たくないから、過去！

315　もしも無人島に行くとして、3つ限定で持って行くものは？
フルーツの種、生きのびる知恵を持っている人、インスタントカメラ。

316　もしも3億円当たったら？
パパとママに1億、貯金に1億、残りの1億でおうちを建てる。

317　もしも不思議な力を得るとして。空を自由に飛べるのと海の中で息ができるの、どっちがいい？
空を自由に飛べる！

318　もしも100万円拾ったら？
警察に届ける！

319　もしも明日地球が滅亡するとしたらなにを食べる？
カプレーゼ♥

320　もしも海外にひとっ飛びできるとしたらどこで何をする？
韓国でお買い物する！

321　もしもドラえもんのひみつ道具が手に入るなら？
どこでもドア。

322　もしも江戸時代にタイムスリップしたら？
自分の着物を自分でつくりたい。

323　もしも海外に住むならどこの国がいい？
アメリカのニューヨーク！

324　もしもコスプレをするとしたら？
うさぎ！

325　もしも生まれ変わるとしたら何になる？
香音♥

326　もしも香音が悪香音になるとしたらどんなとき？
だれかに悪いことをいわれたとき、悪香音になる（笑）。

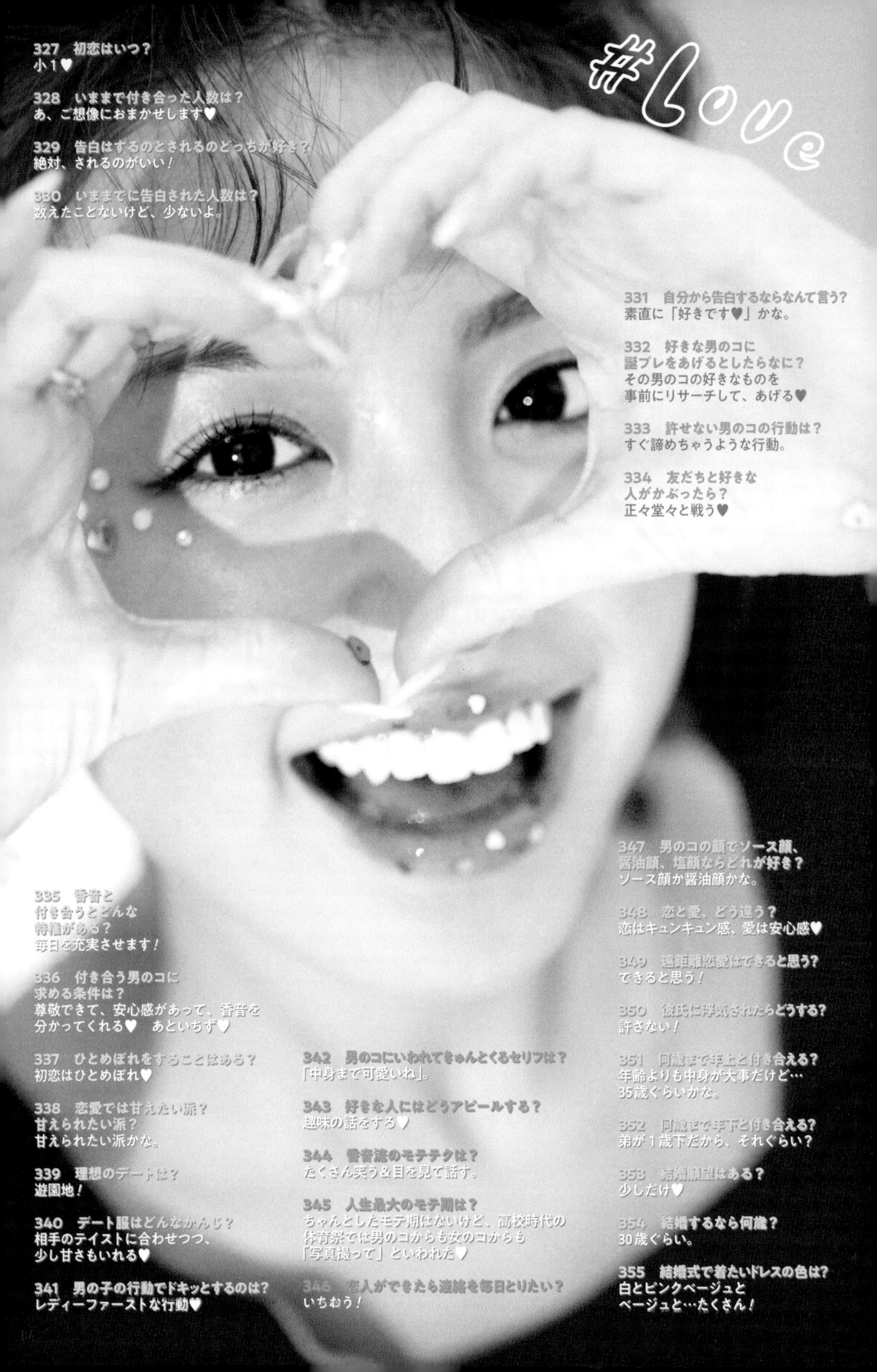

#Love

327　初恋はいつ？
小1♥

328　いままで付き合った人数は？
あ、ご想像におまかせします♥

329　告白はするのとされるのどっちが好き？
絶対、されるのがいい！

330　いままでに告白された人数は？
数えたことないけど、少ないよ。

331　自分から告白するならなんて言う?
素直に「好きです♥」かな。

332　好きな男のコに
誕プレをあげるとしたらなに？
その男のコの好きなものを
事前にリサーチして、あげる♥

333　許せない男のコの行動は？
すぐ諦めちゃうような行動。

334　友だちと好きな
人がかぶったら？
正々堂々と戦う♥

335　香音と
付き合うとどんな
特権がある？
毎日を充実させます！

336　付き合う男のコに
求める条件は？
尊敬できて、安心感があって、香音を
分かってくれる♥　あといちず♥

337　ひとめぼれをすることはある？
初恋はひとめぼれ♥

338　恋愛では甘えたい派？
甘えられたい派？
甘えられたい派かな。

339　理想のデートは？
遊園地！

340　デート服はどんなかんじ？
相手のテイストに合わせつつ、
少し甘さもいれる♥

341　男の子の行動でドキッとするのは?
レディーファーストな行動♥

342　男のコにいわれてきゅんとくるセリフは？
「中身まで可愛いね」。

343　好きな人にはどうアピールする？
趣味の話をする♥

344　香音流のモテテクは？
たくさん笑う＆目を見て話す。

345　人生最大のモテ期は？
ちゃんとしたモテ期はないけど、高校時代の
体育祭では男のコからも女のコからも
「写真撮って」といわれた♥

346　恋人ができたら連絡を毎日とりたい？
いちおう！

347　男のコの顔でソース顔、
醤油顔、塩顔ならどれが好き？
ソース顔か醤油顔かな。

348　恋と愛、どう違う？
恋はキュンキュン感、愛は安心感♥

349　遠距離恋愛はできると思う?
できると思う！

350　彼氏に浮気されたらどうする?
許さない！

351　何歳まで年上と付き合える?
年齢よりも中身が大事だけど…
35歳ぐらいかな。

352　何歳まで年下と付き合える?
弟が1歳下だから、それぐらい？

353　結婚願望はある？
少しだけ♥

354　結婚するなら何歳？
30歳ぐらい。

355　結婚式で着たいドレスの色は?
白とピンクベージュと
ベージュと…たくさん！

356　好きな食べ物は？
トマトとチーズ。

357　好きな時間帯は？
夕方。

358　好きな季節は？
冬かな。

359　好きな数字は？
100！

360　好きな偉人は？
ウォルト・ディズニー♥

361　好きなことわざは？
人の振り見て我が振り直せ！

362　好きな漢字は？
香。

363　好きなひらがなは？
の。

364　好きなお花は？
かすみ草。

365　好きな色は？
白、ピンク、黒、ベージュ。

366　好きな色の組み合わせは？
ピンク×ベージュ。

367　好きなファッションのテイストは？
オトナ海外ガール！

368　好きなお酒は？
あまり飲めないけど、クリスタルっていうシャンパンはおいしかった。

369　好きな飲み物は？
ゆずソーダ。

370　好きな芸人さんは？
チョコプラさんとぺこぱさん！

371　好きな日本映画は？
『コンフィデンスマン JP』！

372　好きな海外映画は？
『プリティ・プリンセス』。

373　好きな月は？
12月。

374　好きな曜日は？
土曜日。

375　好きな行事は？
クリスマス。

376　好きな音楽は？
ヒップホップ！

377　好きな場所は？
風の強いところ。

378　好きな動物は？
わんちゃん♥

379　好きな漫画は？
『あげくの果てのカノン』。

380　好きな海外ドラマは？
『ミーン・ガールズ』。

381　好きな国は？
フランス。

382　好きな都道府県は？
東京都

383　好きな言葉は？
可愛いは正義♥

384　好きな四文字熟語は？
起承転結。それしか分からない♥（笑）

385　好きなお天気は？
風の強いくもり。

386　好きな宝石は？
ピンクダイヤモンド

387　好きな YouTuber は？
YouTuber じゃないけど『ニート TOKYO』が好き。

388　好きなアクセサリーは？
ブレスレット。

389　好きな本は？
ミカンの味。

390　好きなスイーツは？
マカロン♥

391　好きなお菓子は？
ガム。

392　好きなフルーツは？
かたい桃とさくらんぼ。

393　好きなキャラクターは？
バービー♥

394　好きな乗り物は？
飛行機。

395　好きな料理のジャンルは？
日本料理とフランス料理♥

396　好きなお母さんの手料理は？
カレーライス。

397　好きなブランドは？
SNIDEL と HONEY MI HONEY ♥

398　好きなラーメンは？
醤油！

399　好きなお寿司の具は？
マグロ。

400　400問目まできたけど、いまの気持ちは？
私もライターさんもがんばってる、えらい♥　あとちょっと！

401　好きなおにぎりの具は？
こんぶ、スパム。

402　好きなお鍋の種類は？
薬膳鍋。

403　好きな焼肉の部位は？
タン！

404　好きなアイスクリームの味は？
チョコミント！

405　好きなお弁当は？
そぼろ弁当。

406　好きなパンは？
メロンパン。

407　好きな香りは？
癒されるフローラル系♥

408　好きな顔のパーツは？
目。

409　好きな体のパーツは？
手。

410　好きなファストフードは？
マクドナルド。

411　好きなコンビニは？
ナチュラルローソン。

412　好きな柄は？
マーブル柄。

413　好きな素材は？
レース。

414　好きなおでんの具は？
もち巾着と大根。

415　好きなプリンセスは？
シンデレラ♥

416　好きなおせち料理は？
くりきんとん。

417　好きな童話は？
3匹のこぶた。

418　好きなケーキは？
ショートケーキ♥

419　好きなゲームは？
マリオカート！

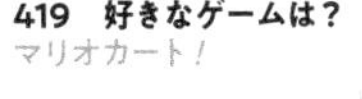

420
420問、全部終わって…さぁ、どう？
全部答えるのに4時間かかった！みんなもおつかれさま♥

生まれたときからPOPに入るまで♥
のんのんMEMORIES

子どものころの香音を見せちゃうよ！　このスタイルBOOKのためだけの初公開写真も…♡　おチビ香音、どうかなー？

小学生
いつメンとの夏合宿が楽しすぎた～★
ニコ☆プチ時代
これ、私服なんだよ!?
ピンクのみんなにサプライズでお誕生日をしてもらったとき!
ニコラ
濃いピンクリップが好きだったよ♥
Have a Sweet Birthday
小・中・高で大切な友だち（ピンクって呼んでる）にたくさん出会えた♥　みんなが大人になってピンクパーティーをするのが夢だよ♪

#のんのんわーるど We love Nonnon

のんのんへの LOVEがあふれる♥

Riko 🍒✏️

♡ ゆうか ♡

とわ 🍒✏️

りな 🥑♥
のんのんがーるず 🍒✏️

ゆうみん

🌸ゆーな 🌟

ひよ 🍒✏️

ひな 🍒✏️

はなな 🍒✏️
のんのんがーるず 🍒✏️

そら (山の日生まれの山ちゃん)

かの 🍒✏️ のんのんがーるず

あんちゃん

☺りせ☺

優花🍒♥
のんのんがーるず🍒

🍒ぽっちぃ @P_K_All

まみ🍒

みらい🍒のんのんがーるず

Rabbit♡

全開だのん We love Kanon world ♥♥♥

Twitterで募集した、のんのんがーるず&ぼーいずたちからの愛ある写真やイラストを紹介。たくさんの投稿ありがとう! ここに載せられなかったみんなも、本当に本当にありがとう♡

のんのんがーるず🍒りね

なゆ🍒

ここな✨♡

Rion(りおのん)🍒

このか🍒

あみ🍒

MEI&KANON に一問一答

Q.相手の好きなところは?

MEI：ついつい甘えさせたくなるような**素直な性格♥**

KANON：きちんと**向き合ってくれる**ところと**ずっと笑ってるところ♥**

Q.逆に直してほしいところは?

MEI：なにかあればそのつど注意してるから、いま直してほしいと思うところは**ない♥**

KANON：**撮影中のツッコミ**は控えめにしてほしい（笑）。顔が赤くなっちゃうから！

大好きな大好きなお姉ちゃん♥

永野芽郁ちゃんとゆったりまったりトーク♡

香音の熱い熱いラブコールで、小学生のときから仲よしの永野芽郁チャンをゲストにご招待♡　可愛すぎる2人のガールズトークをどうぞ。

Q.1日入れ替わったらなにをする?

MEI：世の中の**男性たちをメロメロ**にさせる♥

KANON：**過密なスケジュール**を体験する！

Q.相手の秘密をこっそり教えて♥

MEI：香音は**意外と悩みやすい**のに、それを外に打ち明けられないタイプ。きちんとまじめに悩んで考えているからこそ、こうやって本を出せるんだってことを姉としては伝えたい！

KANON：ふだんはキレイで可愛い芽郁だけど、**いつも男前**♥ 突然プレゼントをくれたり、運転中なんてハンドルの持ち方がめっちゃカッコいい！

Q.漢字一文字で相手を表すと?

MEI：

愛

可愛くて、だれからも愛されて、愛情いっぱいに育てられた感がするから♥

KANON：

輝

疲れていても、忙しくても、どんなときでもずっとキラキラしてるから！

記念すべき香音の初スタイルブックで仲よしの２人が集合

KANON(以下、**K**)「まずは、今日は来てくれて、どうもありがとう♡」**MEI**(以下、**M**)「こちらこそ呼んでくれてありがとう♡ 香音からいきなり〝香音の本に出てほしいの!〟って直接連絡がきたときはビックリしたけど、うれしかったよ(笑)」**K**「はじめてのスタイルブックでだれをゲストに呼びたいかって考えたとき、すぐに芽郁ぢゃが浮かんだからつい連絡しちゃった(笑)。お仕事の面でもプライベートの面でも、香音のお姉ちゃん的存在は芽郁ぢゃだけだし、本が出るってこともいちばんに報告したかったの」**M**「香音がファッションを好きなことやモデルとしてのお仕事にやる気を感じていることを知っているからこそ、おめでとうの気持ちでいっぱいになったよ。だからスケジュールさえあえば、絶対に出たいと思ったの♡　でも、こういうことは最初にきちんとマネージャーさんやオトナたちに報告しないとだよ!　うちらだけで話を進めるとビックリしちゃうでしょ?」**K**「はい、気をつけます!　こうやってちゃんといろいろ教えてくれるところも本当に好き」**M**「もう〜、可愛いんだから(笑)」

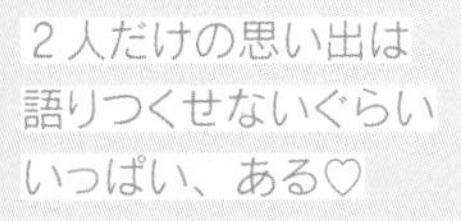

２人だけの思い出は語りつくせないぐらいいっぱい、ある♡

M「はじめて会ったのは、ニコ☆プチ?」**K**「ううん、その前に事務所のレッスンで会ってるよ。喜怒哀楽の練習をしているとき、芽郁ぢゃが自由で楽しそうにお芝居をしている姿がすごい印象的だったから覚えてる!」**M**「なんか照れる(笑)。でもさ、気づいたらお泊まり会をする仲になってたよね」**K**「うん(笑)。本当にね、気がついたらって感じだけど、香音のおうちに何回もお泊まりに来てくれてるのは芽郁ぢゃだけ」**M**「お風呂泡だらけ事件覚えてる?(笑)」**K**「覚えてるよ!　香音のおうちで一緒にお風呂入ったときでしょ」**M**「バブルバスの量が多すぎて浴室の半分が泡になって(笑)」**K**「あれはすごかった(笑)」**M**「一緒にドラムとギターもやったよね」**K**「大きな声で歌いながらね♡」**M**「あのときから香音は可愛い妹♡　でもいまはお互いに支え合える関係になれていて、それがすごいうれしい」**K**「香音もすっごくうれしいよ♡」

MEI&KANON

お仕事の相談もプライベートのお悩みも
全部話せるのは芽郁[ﾁｬﾝ]だけ♥（KANON）

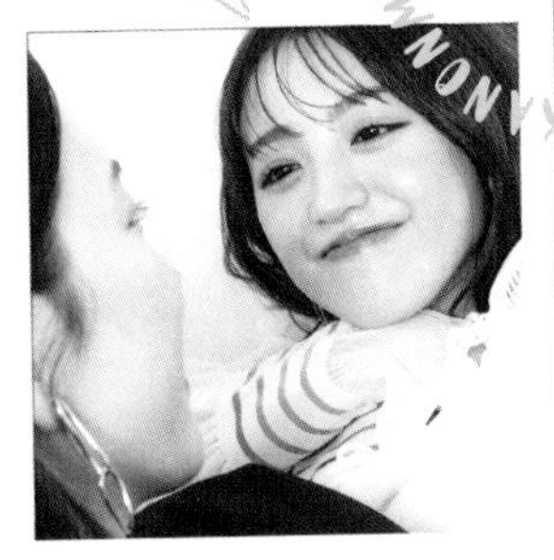

姉として、友として、そして1人のファン
としてずっと応援してるよ♥（MEI）

LOVE

いつか2人で旅行したいね！（MEI&KANON）

お互いに聞いてみたいこと…そして愛あるメッセージ交換！

M「せっかくの機会だから、聞きたいことがあったら聞いてよ♡」K「ある！ お仕事で初対面の人とうまく話せるコツ！ 香音、全然話せないの…」M「何を話せばいいのかって先に考えたり、変な先入観を持ったりしないで、相手に興味を持つこと。あとは食べ物の話題は盛り上がりやすいからオススメ！ 私は香音の仕事の原動力が知りたいな」K「ファンのコたちをはじめとする、まわりの人たちからのプラスな言葉かな！ いい言葉をもらえるともっとがんばろうって思えるんだ♡」M「香音らしい原動力でいいね。最後に私からひとこと…香音、スタイルブックの発売本当におめでとう！ 香音ががんばってきたことがこうやって1冊の本になる瞬間に立ち会えて、すごくうれしい。これからも香音が素敵に成長していく時々をそばで見守らせてね♡」K「ありがとう。芽郁[ﾁｬﾝ]はお姉ちゃんでありながら尊敬している人でもあるから、プライベートだけじゃなく、いつかお仕事も一緒にできるようにがんばるね」M「うん、楽しみにしてる♡」

REFRESHING
REFRESH WASHCLO
MOIST TOWELETTE
Sugar Sweet
0 CALORIE GRANULATED SUGAR SUBSTITUTE
RECIPIENT

Fleetwood
COFFEE
NEW!
JACKSON FIVE
TOUR DATES
UNICORN
CUISINE RECIPIENT

I want more...
JACKSON FIVE
TOUR DATES
Exclusive details inside
TOURS TOURS TOURS
HILLS BROS COFFEE
Planters
SALTED PEANUTS
5¢
CUISINE RECIPES
UNICORN
CHOCO
OAT DRINK
NEW!

SUGAR FREE
FRUIT DROP
Scotch candy
PARTY
Sweets
Roll chocolate

MY "SWEET TOOTH" IS CRAVING

FOR SOMETHING SWEET!

THESE SWEETS ARE LIKE NOTHING

I'VE EVER TASTED BEFORE.

SOFT AND CHEWY……

WHICH ONE DO YOU THINK IS
THE MOST DELICIOUS?

EVEN THOUGH I EAT SO MUCH,
I'M STILL GOOD FOR DESSERT.

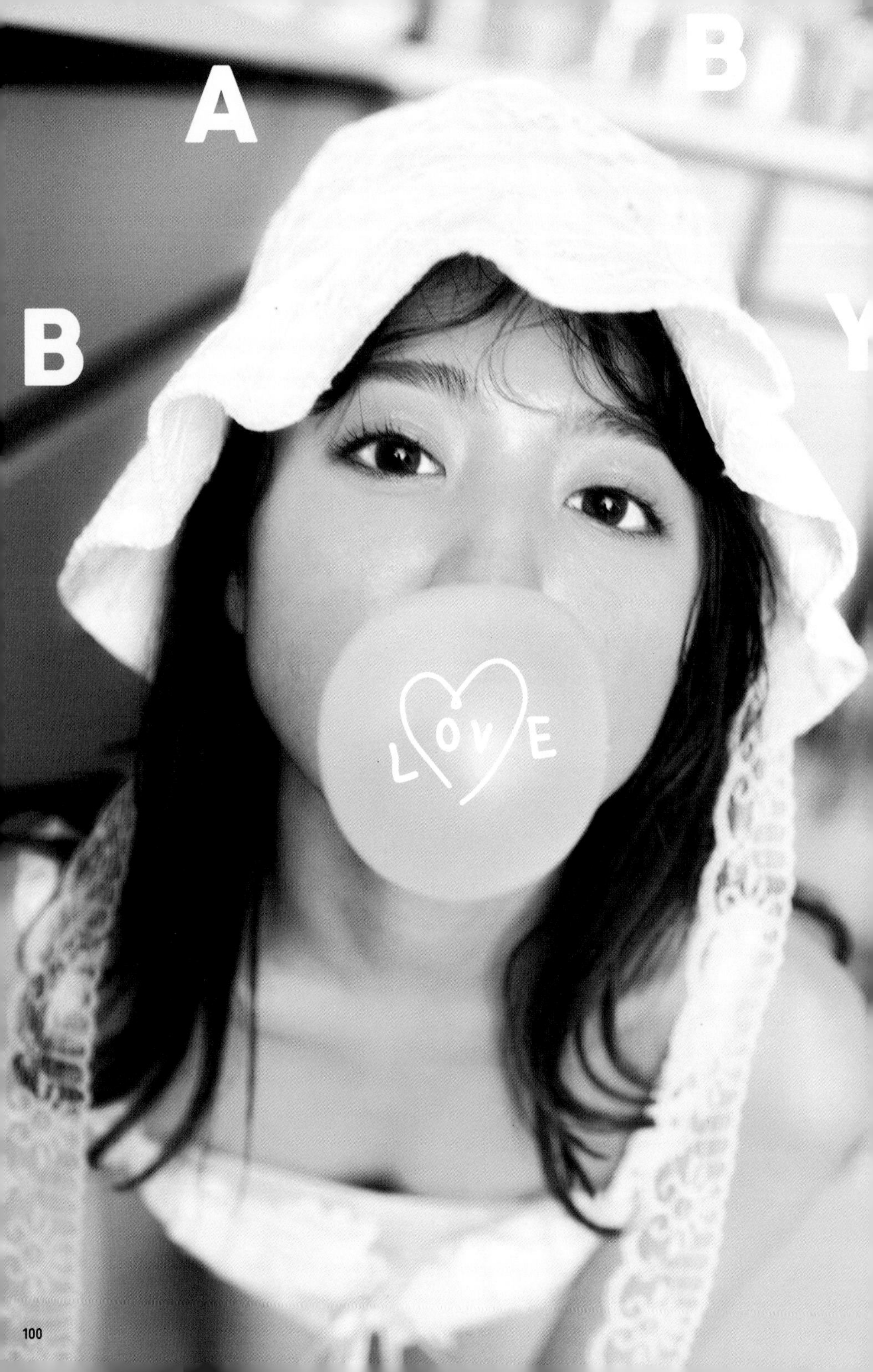
BABY
LOVE

KANON

MOTEL
PARKING
ONLY

treasure
happy
sun
shiny
cool
love
gloss
joy
calmly
favorite
glad
sensitivity
pretty
you

Popteenイチのレジェンドトリオ♡

アリカのおもいでぜんぶ。

服のテイストも好きなものもバラバラだけど、仲のよさはピカイチ♥
伝説級に可愛いアリカの思い出＆仲よしショットを大公開。

いちばんのお気に入りカット

あいりる No.1
おフェロちっく♡

2021年7月号

リコリコ No.1
カラフルで可愛い！

2021年4月号

のんのん No.1
3人の仲よし感がいい♡

2021年2月号

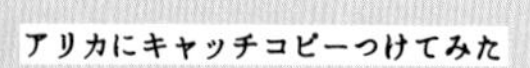

アリカにキャッチコピーつけてみた

それぞれの色を持った、3色の三つ子ちゃん♥　byあいりる

オールジャンそろった、なんでもできるトリオ！　byリコリコ

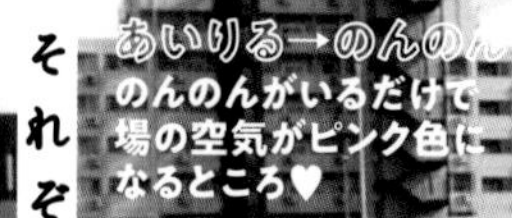

3つのフレーバーの最キュン3人組♥　byのんのん

それぞれの好きなところ

あいりる→のんのん
のんのんがいるだけで場の空気がピンク色になるところ♥

あいりる→リコリコ
目がなくなるぐらい、くしゃっと笑ってくれるところ♥

リコリコ→あいりる
いつもは抜けてるけど、大事なときはしっかりしているところ♥

リコリコ→のんのん
ベビちゃん要素いっぱいなのに、シンプルに空気を読むのがうまい♥

のんのん→リコリコ
ハッピーオーラがあって、だれとでも仲よくできるところ♥

のんのん→あいりる
自然とまわりをなごませる力がある、おっとりとしたかざらない性格♥

いまだから話せる秘密のひとりごと

リコリコ
実はいっとき、愛理とのんのんが可愛すぎて、SNSでも比べられることがあってシンプルに不安になってた時期があったの。でも、SNSの声よりも２人が大好きな友だちっていう事実をいちばんに考えたら、自然と乗り越えてた!

あいりる
アリカのグループ LINEで会話すると、２人ともすぐに既読無視をするんだけど…それを実はひそかに悲しんでた!!　忙しいのはわかるけど、会話は続けたいよー。だから今後はそこんとこよろしくね♥（笑）

のんのん
２人とは[illegible]年の感覚でいっぱいおしゃべりをしている[illegible]、[illegible]がすっ[illegible]なの。だから、流行の[illegible]とか一緒に盛り上がってるフリをしてたけど本当はよく分かってないことが何回もあったんだ～♥

アリカでの撮影の思い出No.1

あいりる
やっぱりアリカの100質かな。
３人でずっとやりたいって思ってたし、
サプライズだったからビックリした♥
１日中３人で一緒にいられて、
撮影自体もすごく楽しかったし、ほんわかしてた。

リコリコ
それはもうアリカの100質でしょ。
３人で着物姿になって、書道できたことが
すごく楽しかった。表紙のサプライズのあと、
のんのんが急に耳にゴムを巻いてむくみを
とりだしたことがおもしろかった!

のんのん
2021年の３月号かな、
アリカの◯◯モテっていう企画があって、
その３人がとにかくオトナっぽくて、
可愛かった♥　久々に３人そろったから、
写真とは反対に撮影中は
ずっとキャッキャしてたの。

のんのんへメッセージ

Fromあいりる
のんのん、スタイルブックの発売おめでとう♥
POPで出会ったアリカがいまも仲よしで
いられることに心から感謝しているし、
こうやってのんのんの本にアリカとして
出させてもらえることが本当にうれしいよ。
いろんなのんのんを見られるのも楽しみ♥

Fromリコリコ
まずはのんのん、おめでとう♥
のんのんは自分の世界観をきちんと
持っているコだからこそ、
ファンとしてこのスタイルブックが
どう仕上がるのか楽しみ!
取材をうけているいまもずっとウキウキしてるよ。
早く読みたい♥
すみからすみまで全部、読みたーい!

のんのんからメッセージ

Toあいりる
オトナっぽくて、だれよりもしっかりさんに
見える愛理チャンだけど、実はいちばんの天然ちゃん♥
香音にとって愛理チャンは動くパワースポットなんだ～。
だから、これからもその癒しをください。
いつもいつもありがとう、大好き!!

Toリコリコ
はじめて会ったときにキラキラの笑顔をくれた、
莉子チャン。その明るさとだれとでも仲よくなれる
魔法にかけられて、香音は莉子チャンとも愛理チャンとも
お友だちになれた気がするよ♥
本当にありがとう、これからもよろしくね。大好き!!

POPでしかできない
POPだからできた思い出コスプレ!(笑)

Popteen×のんのん17変化♡

撮影では、いろんなキャラやテイストに大変身！ 可愛いものから笑えるものまで、ぜんぶ楽しい

2019年11月号
2020年 5月号
2020年 8月号
2019年 6月号
2021年 1月号
2019年11月号
2019年 5月号
2020年 2月号

NONNON COVER COLLECTION

記念すべき初表紙♡

2019年10月号

2回目はカラフルな衣装!

2020年 2月号

大人っぽい"めるのん。!

2020年11月号

はじめてのピン表紙♡

2020年12月号

念願のアリカ表紙♪

2021年 2 月号

驚きのアリカ 2 回目!

2021年 4 月号

ドッキリを仕掛けたよ!

2021年 5 月号

お気に入りの表紙♡

2021年 8 月号

2号連続でピン表紙!

2021年 9 月号

卒業号は笑顔で♡

2021年10月号

香音がはじめて語る

かのんのぜんぶ。

モデルになってからずっとトップを走り続けてきた、香音。
過去、現在、そして未来のことまで…
いままで語られなかった
〝かのんのぜんぶ。〟がここに♥

All About Kanon

野々村家に生まれて♥

いまから20年前の2001年4月20日、私は野々村家の長女として元気いっぱいに生まれたの。よく「芸能人のおうちってどんなかんじなの?」と聞かれるけど、たぶん普通。おうちのルールといえば、1.家でのごはん中にテレビを見ない。2.外食するときは携帯やゲーム機を持ち込まない&やらない。3.1日のスケジュールはお母さんに朝、報告する。この3つぐらい。あとは礼儀や挨拶にはとても厳しかったし、お外でワガママを言うとすごい怒られてた。ただ、私がやりたいと思ったことや、好きなことに関しては全力で応援してくれてたから、ドラムもそうだけどいろんな習い事に通わせてもらっていたかな。やりたいことはとりあえずやってみて、向いてないと思ったらやめる…、というのもすんなりと受け入れてくれてたから、個性を伸ばしながら自由に育ててもらっていたと思う。お洋服に関しても、小さいうちから着たいものや好きなものにこだわりがあって、幼稚園に行くときのコーディネートもお母さんに選んでもらうんじゃなくて絶対に一緒に選んでた(笑)。アクセサリーも大好きだったから、このワンピースにはこのリボンを合わせるって1度決めたらゆずらなかったし、ヘアスタイルも毎日ツインテールって決めてた。とにかく、このときから可愛いものが大好きで、そこに対する妙なこだわりが強いっていうのはいまも変わってない(笑)。あとは創作も大好きで、幼稚園で合同作品をつくるときはピンクと赤と白のお城をつくるっていう案を出したんだ♡　いまも自分の部屋の壁の色を調合するんだけど、このときもピンクの監修をしてみんなに指示を出してたの(笑)。

とってもロングなひとりごと♥

Family

家族はね、お母さんとお父さんと弟と愛犬の颯太。厳しいお母さんだけど、お母さんの子どもじゃなかったら私のメンタルはこんなに強くなってないと思うし、お互いガンコだからぶつかることも多い。でも、どんなときも向き合ってくれるお母さんにはいつも感謝してる。うちは女のコが強いぶん、男のコたちがすごくやさしいの。お父さんも弟も颯太もまわりをなごますパワーがすごい♡　つまりアメとムチが共存しているうちの家族はとてもバランスのいい家族だと思ってる。ちなみに私は生まれたときからお父さんのTVのお仕事に一緒に出ていたから、TV＝ホームビデオみたいな感覚だった。大人のスタッフさんたちに囲まれる機会も多かったし、みんなにやさしくされていたから小さい頃から

生まれたときから芸能界は身近なところで特別なものではなかった

人と接するのは大好きで、人見知りはなかった。いまは、はじめてのお仕事で緊張するとまわりの人とうまくお話しできないこともあるけど、基本はいろんな人と関わりたいタイプで、人間好きです♡　TV以外のお仕事デビューは、1歳ぐらいのとき。お母さんが思い出づくりでベビちゃん雑誌に応募したら、なんと表紙に大抜擢！　生まれてはじめての表紙はこのときだけど、モデルのお仕事がしたいと思うようになったのはもう少し大きくなってからのこと。

撮影協力／豊洲・teamLab Planets TOKYO DMM.com

私が自分からモデルのお仕事をしたいと思ったのは、たしか小3のとき。お姉さん雑誌のファッションショーに出てくる女のコ役としてはじめてランウェイを歩いたんだけど、そこでプロのモデルさんたちのキラキラした姿を目の前で見たことが大きなきっかけ。そのキラキラはステージの上だけじゃなくて、ステージ裏でも…♡ スタイリストさんと真剣にフィッティングをしてたり、美容や食事に気をつけていたり、高いヒールでキレイに歩いていたり…。

小5で専属モデルデビュー♥

そんな姿を見て、このお姉さんたちのキレイはいろんな努力の上に成り立っているんだって、小3ながらにものすごく感動したのを覚えてる。そのとき「香音もがんばってモデルさんになりたい」と思って、はじめて豆乳を飲んだんだよね(笑)。それから2年後、ニコ☆プチという雑誌のモデルオーディションがあるって話を事務所の人に聞いて、すぐに受けたいと思った。オーディションは知らない世界すぎて不安もあったけど、とにかく楽しもうという気持ちで挑んだ。それがよかったのかな、結果は合格。ここから〝モデル香音〟がはじまったの。

l Work About Kanon

ニコ☆プチの専属モデル＝プチモになれたことはすごくうれしかったけど、実は最初のほうは企画に呼ばれる回数が少なかったの。そのとき歯の矯正をしていて、撮影で上手な笑顔をすることができなかった。でも矯正のせいにして笑えないのは嫌だから、裏矯正に変えて笑顔の練習をいっぱいした。そのうちだんだんと笑顔がうまくできるようになったら、スタッフさんにほめてもらえるようになったし、呼ばれる企画数もどんどん増えていった。そのとき、楽しいお仕事がしたいなら自分が努力して進化しなくちゃいけないってことを身にしみて知ったんだ。ニコ☆プチはモデル同士がとても仲よくて、バチバチすることもなかったからとにかく楽しかった。でもその一方で、ときにはマイナスなコメントに落ち込んだり、傷ついたりすることもあった。自分ががんばったことを否定されたような気持ちになったけど、お母さんに「そんなふうに気分が下がったら相手の思うツボ。つらいときこそ笑顔でいればもっと強くなって可愛くなれる」と言われて、気持ちが切り替わった。知らない人の嫌な言葉に傷つけられるよりも、そばにいてくれる大好きな人たちのあたたかい言葉を信じようって。ここで、私は鉄のメンタルを手にいれたんだと思う(笑)。

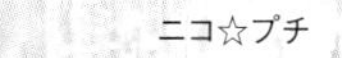

ニコ☆プチはモデルとしての基本的なポーズや表情を学ばせてくれて、美意識や向上心を高めてくれたところ。でも、それ以上に楽しいのがいちばんだった♡　そこにお仕事としての責任感が出てきたのはニコラの専属モデル＝ニコモになってから。ニコラでは先輩後輩の関係がしっかりしていたから、礼儀の面をより気をつけるようになったし、自分の強みや魅力をどう発信するのかを考えるように

応援の言葉もアンチの言葉も…すべてをがんばる力に変えてきた

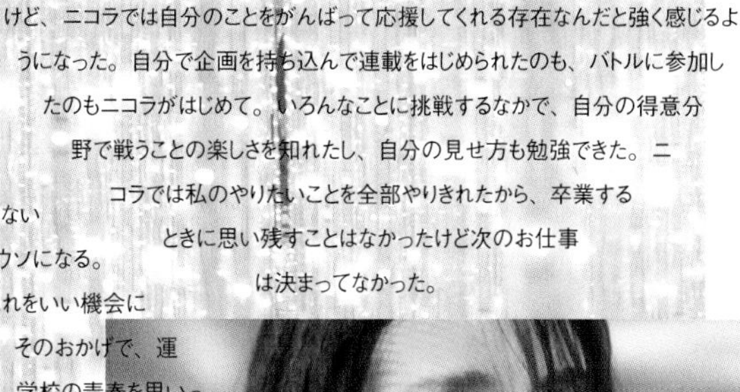

もなった。ファンのコに対する意識も、ニコ☆プチのときはお友だちって感覚でいたけど、ニコラでは自分のことをがんばって応援してくれる存在なんだと強く感じるようになった。自分で企画を持ち込んで連載をはじめられたのも、バトルに参加したのもニコラがはじめて。いろんなことに挑戦するなかで、自分の得意分野で戦うことの楽しさを知れたし、自分の見せ方も勉強できた。ニコラでは私のやりたいことを全部やりきれたから、卒業するときに思い残すことはなかったけど次のお仕事は決まってなかった。

ニコラを卒業して、次に進む雑誌が決まっていないことに不安やくやしさがなかったっていうとウソになる。でも小中学ともにお仕事を優先してきたから、これをいい機会にいったん勉強をがんばろうって気持ちにシフトしたの。そのおかげで、運動会の実行委員になれたし、文化祭にも参加できたし、学校の青春を思いっきり満喫できた♡　ただ、いつモデルのお仕事が入ってもいいように自分磨きを続けていたのも事実。だってモデルでいるからには親近感だけじゃなく、憧れられる存在であることも大事だと私は思っているから、スタイル維持は当たり前のこと。自分に納得のいくがんばりをしていないと雑誌に戻れる資格はないと思っていたの。そして高3になって、Popteenの専属モデルになることが決まった。まわりからは「POPは過酷、甘くない」と言われたけど、小学生のときからアンチの声をあびてメンタルが鉄になっている自分なら乗り切れるって自信はあった。ただ、SNSが不得意だったから、そこは当時の編集長にアドバイスをもらって改善。SNSの大事さに気づいて、ファンのコとの絆を深めることができたのはPOPのおかげだから、それはいまも感謝してる♡　いろいろ大変なこともあったけど、POPモデルとしてがんばった2年5か月はすごく充実していた。

Kanon no zenbu
Future
All
About
Zenbu Kanon

香音と未来のこと♥

夢はいっぱいあるけど、お仕事も恋も自分らしくステップアップしたい

私っていい意味でも悪い意味でもわがままで、自分にすごく正直な人間。それでいてガンコだし、1度決めたらよほどのことがないかぎり曲げない。それに自分に対するアメとムチも激しいから、ときどき邪悪なブラック香音が出てきて自分を落とせるとこまで落とすの。でもそれは病むとかではなくて、がんばる気持ちにつなげるため。私の場合、まわりの人たちがやさしいから(お母さんは別♡)そこに甘えてしまうと危険。きっと油断してしまう。だから自分のことはすごい好きだけど、ときには嫌いになって厳しい意見を自分にぶつける。それぐらい自分とはいちばんに向き合って、理解して、進化すべきだと思ってる。

だからね、ときどき1人でブツブツ言っちゃって、まわりには怖がられることもある(笑)。そういうときは自分と対話しているだけだから気にしないでください♡　恋愛に関しても基本はガンコ。好きな人とラブラブきゅんきゅんもいいけど、お互いにいいところを吸収して、高め合えるような関係が理想。だから仕事よりも私を優先してほしくないし、私も仕事より恋を優先ってことはしたくない。お互いの存在がお仕事をがんばる理由になれるのがいいよね。つまり、戦友みたいな恋人が私にはいいのかも。こんな私のへんてこな恋愛観についてこれる人が果たしているのかっていうのが大前提だけど(笑)。

まぁ、恋愛の話はここまでにして、このスタイルブックへの思いも語るね。私は中学生のときから自分の世界観をまるごと1冊の本にしたいと密かに思っていたから、今回スタイルブックをつくれると知ったときは本当にうれしかった。でも次の瞬間には、やるからには自分のベストを出さなきゃってなって、がんばるスイッチが強めにONされた。食事と美容はいつも以上に気をつけて、最高の状態でスタイルブックづくりに挑もうと決意したの。だってこのスタイルブックは私にとって20歳の集大成で、ありのままのいまの〝香音の可愛い世界観〟と応援してくれているみんなへのありがとうの気持ちをギュッと濃縮して詰めこんだ記念すべき1冊。出せるベストはぜんぶ、出しきったよ。だからこそ、みんなにとっての〝可愛いの教科書〟になってくれたらうれしいし、持っているだけで幸せになれるお守りのような存在になりますように…と心から願ってるよ。そして最後に…これを読んでくれているみんな、イベントへ会いにきてくれたり、SNSを通してメッセージをくれたり、お手紙で気持ちを伝えてくれたり…いつもいろんなカタチで応援してくれてありがとう♡　これからも私はモデルのお仕事はもちろん、演技のお仕事、何かをつくるお仕事、それからできたら音楽のお仕事も…いろんなことに全力で挑戦しながら進化し続けていくので、その姿をゆるゆると楽しみながら見守っていてください。そしてよかったら、私と一緒に成長して、一緒に最強になってもらえませんか？　後悔はさせません、ずっと大好きだよ♡

POPモデル、仲よしのスタッフ、そしてママからも♡

Dear KANON 香音へ

スタイルブックの発売をお祝いするために、香音が大好きな&香音のことを大好きな人たちが愛のあるメッセージとともに大集合♡

福山絢水

愛しののんのん♡　スタイルブック発売おめでとう！　かのんわーるどが可愛くて大好きだからすごくうれしいな！　早く見たいよ！

権隨玲

かのんさん♡　発売おめでとうございます！　可愛すぎるかのんさんから「ぱぴ～」って呼ばれるのが本当に大好きなんです！　また呼んでください(笑)。

ゆな

かのんさん♡　スタイルブック発売おめでとうございます!!　お天使さんのスタイルブックは私にとって需要×需要しかありません。何千回も見返したいと思います♡　そして、これからの活躍も応援しています♡

小森のん

香音さん!!　スタイルブック発売おめでとうございます！　日々可愛くて、自分の世界観やモデル意識を強く持っている香音さんを本当に尊敬しています!!　かのんわーるどは本当に魅力的なので、今回のスタイルブックにもその世界観が詰まっているんだなと思うとワクワクです♪　またお会いできますように!!　そしてスタイルブックたくさん読み返します♡

Popteen編集 山梨

香音ちゃんはふわふわ可愛い見た目なのに、後輩モデルにしっかり注意したり、大盛りのつけ麺をペロッと食べちゃったり、ギャップのあるところが魅力だと思います。みんなをメロメロにする香音ちゃんが活躍する姿を応援してます。スタイルブック発売おめでとう！

母

スタイルブック発売おめでとう！ 9歳から事務所に入り、TVや舞台に出たり、ニコ☆プチ、ニコラ、Popteenでは専属モデルを務めさせてもらい、さらに大学進学と…。学校と仕事との両立は本当に大変だったと思います。学生生活においても、行動を制限して我慢させる事の方が多かったけど、今の貴方があるのはそんな環境の中、自分で消化して吸収していけたからなんじゃないかなと思っています。20歳になり、自分の事は自分で責任を取らなくてはいけなくなった事を心に留め、これから先も沢山の素敵な仕事、出会いを大切に感謝と思いやりの気持ちを持って夢に向かって頑張ってください。ママたちはずーっと応援しています。

川端結愛
かのんさん！スタイルブック発売おめでとうございます!! まだ読んでなくても可愛いのがもう分かります!! かのんさんとの撮影で緊張しているとき、気さくに話しかけてくださって本当にうれしかったです！ これからも憧れです♡
生見愛瑠
かのんちゃーん、スタイルブックおめでとう♡ 発売楽しみ～。最近全然会えてないから落ち着いたら早くご飯行こうね！
長谷川美月
表舞台に立ってキラキラしている香音さんも、たくさんお話してくれる香音さんも、「みちゅ～♡」って来てくれる香音さんも、全部全部だいすきです。これからもずっと追いかけ続けます！ 改めてスタイルブック発売おめでとうございます♡
熊谷真里
香音さん、スタイルブック発売おめでとうございます!! ベイビーフェイスなお顔も、お洋服の系統も、とてもどタイプです♡ POPの撮影でご一緒したときに「くまちゃん♡」と話しかけてくださった香音さんを思い出すだけでうれしくて口角上がっちゃいます(笑)。そして、モデルさんとして憧れるところもたくさんあるので、少しでも近づけるよう私もがんばります！ これからも香音さんから目が離せませんっ！ 大好きです♡
アートディレクター
五十嵐 LINDA 渉
スタイルブック発売、本当におめでとうございます。連載のコラボがまさかの実現で、いまだにあの楽しい撮影の思い出がずっと心に残っています。撮影に挑むかのんちゃんの姿に感化されて、クリエイティブに磨きがかかりました♡ 今後の活動が、さらなる飛躍の場となるよう、心から応援しています！ また可愛い撮影、絶対しましょうね♡
マネージャー
中原涼子
スタイルブック発売おめでとう。そして、Popteenモデルとしての活動、お疲れ様でした。POPで過ごした日々を振り返ると、ファンの皆さん、スタッフさんにたくさんの愛をいただきましたね。名前の由来であるパッヘルベルのカノンのように、香音ちゃんのその豊かな表現で、幾重にも重なる美しい旋律を奏でられるような人になってください。努力、そして感謝の心を忘れずに、これからも一緒にがんばりましょう！
Popteen編集長
千木良
立てば芍薬、座れば牡丹、歩く姿は百合の花。いつまでもキュートな、のんちゃんでいてね！ スタイルブック、一緒につくれてよかったでーす♡
ニコ☆プチ編集長
馬場すみれ
はじめてカノンに会ったのは、ニコ☆プチオーディション。その時から本当にかわいくて愛くるしくて、私もスタッフも他のプチモまでもすぐにカノンのことが大好きになったことを覚えてるよ。12号連続、2年に渡ってニコ☆プチのカバーガールを務めたのは、もはや伝説的偉業！ カノンを超えるプチモはもう現れないんだろうな…。素直でかわいくておしゃれなカノン、これからも世の女子たちの憧れでいてね。かげながらカノンの活躍を応援しています。ニコ☆プチにもまた遊びに来てね！ 本当におめでとう♡

ふわふわして見えて、実はだれより努力家で自分を進化させることに一生懸命な香音のこと、尊敬してる♡　撮影現場で「疲れた~」とか「眠い~」とかマイナス発言をしないことも、ひそかにすごいなって思ってたよ。これからもみんなに愛される〝可愛い〟の天才でいてね♡
ライター 西野暁代
カメラマン tAiki
まずは…香音本おめでとう!! 毎回アタリデータを確認すると、安定の写真しかなくて神だと思ってました! プロ意識の高さが印象に残りまくってます。これからさらに飛躍するであろう、いや絶対にする香音ちゃんをいつまでも応援してるよ!!
ライター 熊木美香
おめでとー、かのん! 好奇心旺盛で、人見知りしない愛嬌あるかのんやし、いいもんできたと思うわー! もうすっかりお姉さんやな! これからもかのんの違った一面いっぱい見れること楽しみにしてるわー!
ヘアメイク 大山恵奈
ライター 安藤陽子
ニコ☆プチから POPまで、お仕事の枠をこえてプライベートでもずっと仲よしでいてくれてありがとう。見た目も性格も全部が可愛いきゃのん、努力をおしまずに全力でがんばるきゃのん、その魅力は言葉では言い尽くせないけど、とにかく大好き! この本を一緒につくれたことは一生の宝物♡　本当におめでとう&これからもよろしくね。
祝!スタイルブック発売!! 可愛いがつまったかのんわーるど全開の1冊、とっても楽しみ♡　いつも香音とは会うたびにお仕事、学校、音楽と色んな話で盛り上がって話が尽きなかったね! 気配り上手でだれよりも頑張り屋さんの香音! これからもずっと応援してます♡
べびたんかのんも、大人かのんもぜーーーんぶ可愛すぎました♡　発売、おめでとうー!! この本にたずさわらせて頂けてうれしいです♡
ヘアメイク サイオチアキ
カメラマン 藤井大介
ヘアメイク 吉田美幸
カメラマン 小川健
スタイルブックおめでとう! カメラマンなのにこんなことを言うのは変だけど、かのんの可愛いさは可愛いすぎて写真では表現しきれず、いつも困っては、自分の腕への自信をなくしてました(笑)。でもいつか、かのんの可愛いを完璧に表現できるようがんばるから、待っててね!
スタイルブック発売おめでとうございます! 作品の一部にたずさわれたこと、とても幸せです。撮影中、私たちスタッフがメロメロに魅了されていたのだから、ファンの皆様もうっとりするに間違いない♡
はじめて撮影させてもらってからもう何年も経ってるはずなのに、顔が全く変わらないから時間の感覚がおかしくなりますね(笑)。いつも元気で素直で…でもちゃんと芯があるところ、これからも変わらないでいてくださいね!

ヘアメイク
水流有沙
香音のセンスや世界観が大好き！ かのんわーるどがギュッと詰まったスタイルブック、とっても楽しみにしてたよ♡ 発売おめでとう！
ライター
門脇才知有
POPに入って100質、連載、ピン企画、表紙…そしてスタイルブックまで全部かなえたのんのんは本当にすごい！ 努力家でプロ意識が高いのにうっかり抜けているところもあったりして、そんな愛おしいキャラが大好きです♡ このスタイルブック家宝にするね♡
かのん、スタイルブックおめでとう！ 360°ガーリーかのん！ いつも撮影のときは楽しくてテンション上がってました。これからも応援してまーす！
カメラマン
堤博之
スタイリスト
tommy
はじめて告白するんだけど、あたし香音の事、好きなんだよ♡ きっと今頃、この本を読んでニヤニヤしてると思う。あ、あと tommyからのお知らせです。香音が POPを卒業して1個変えたことがあります。呼び方をカノソ→香音に変えました。気づいたかなー。だ、だいすき♡
スタイルブック発売おめでとう！ とっても可愛い撮影がたくさん出来て嬉しかったー！ 私もきゃのんのガーリーなお洋服が好きだから張り切っちゃった♡ いつも可愛く着てくれてありがとう♡ またね♡
スタイリスト
香音へのメッセージ、何を書こうかな～とりあえず香音のオススメ日本語ラップでも聴くか～と思って曲を掘り出したら早数時間！ 香音の音楽のセンスもファッションのセンスも全てが最高！ってことで、センスの塊なスタイルブック、発売おめでとう!!
スタイルブック発売おめでと！ かのんの世界観とっても好き!! じーーっくり読み込みます♡ しっかりもので周りをよく見てて、優しいし癒しをくれる♡ 可愛いべびたんなかのん大好きだよー！
スタイリスト
小野奈央
おなお 独立記念日！
かのんちゃん、スタイルブック発売おめでとうございます！ はじめてお会いしたのは小学生の頃でしたね。当時からとても優しくしっかり者のかのんちゃんに私はいつも助けていただいてばかりでした。そして POPでも一緒にお仕事できて本当にうれしかったです！ これからも応援しています！
スタイリスト
東里美
かのんちゃんのページはいつも世界観が可愛くて、デザインするのが楽しみです♡ スタイルブックに参加できて幸せでした～これからも応援してます！
デザイナー
福村理恵

『かのんのぜんぶ。』オフショット♥

大好きなスタッフさんたちと一緒につくりあげた、スタイルBOOK。その裏側をちょっとだけ公開しちゃうよ♡

behind the scenes
Canon

Big love and thanks

初めてのスタイルブック楽しんでいただけましたか？♡
私の"いま"がたくさん詰まっています.
この本を作ることができたのも、
いつも応援してくださる皆さんと支えてくれる
周りの人達の応援あってこそです.

たくさんの愛をありがとう。

私は進化が好きで、進化している自分が大好き.
だから、ちょっとの進化でもたくさん自分を褒めて、自信をもって、
自分の好きな自分でいることを大切にしています。
この本を通して、みんなにもそんな勇気を届けられたらいいな。

Kanon 香音

FASHION CREDIT

♡ P4-9、67、124

キャミソール(別のパンツとセット) ¥13500／トリートユアセルフ(レインボーシェイクプレスルーム)パンプス¥10120／&lottie

♡ P10-17

ドレス参考商品／yuiiwatsu (Bellmignon)

♡ P18-23

水着(カーディガンとセット)参考商品／&lottie

♡ P24-25

オールインワン¥9350／&lottie　帽子¥1999／ウィゴー　リング¥15400／CITRON Bijoux

♡ P30

セットアップ¥5500／W♥C

♡ P31

トップス¥14300／ガールズソサエティ　スカート¥7650、バッグ¥5280／ともに&lottie　イヤリング¥13200／CITRON Bijoux

♡ P32

カーディガン¥12100／ガールズソサエティ

♡ P36-37

トップス¥5970／lissi Boutique

カーディガン¥17600／HONEY MI HONEY

※商品の問い合わせ先はP.128にあります。※記載のないアイテムは、すべて本人&スタイリスト私物です。

♡ P37

ワンピース¥7590／Romansual

♡ P46-47

トップス¥7150／ガールズソサエティ　パンツ¥6350、サンダル¥7650／ともに&lottie

♡ P58-59

キャミソール¥7480／ペイン(リルリリー トーキョー)　サンダル¥7950／&lottie

♡ P61

Tシャツ¥1999／W♥C

♡ P76-85

トップス¥6380、パンツ¥16280／ともにリルリリー トーキョー

♡ P90-93

香音・スカート¥8600／トリートユアセルフ(レインボーシェイクプレスルーム)

♡ P102-107

中に着たトップス¥4950／ガールズソサエティ　サングラス¥21780／ダブルラバーズ(スクリーンショット)

♡ P112-117

ドレス参考商品／yuiiwatsu(Bellmignon)
パンツ¥8980／エピヌ

SHOP LIST

&lottie http://www.andlottie.store
ウィゴー ☎03・5784・5505
エピヌ http://epine-online.com
ガールズソサエティ http://thegirlssociety.net
グライド・エンタープライズ ☎0120・200・390
グレイル ☎06・6532・2211
CITRON Bijoux http://citron-bijoux.com/
スクリーンショット ☎03・6778・0920
T-Garden ☎0120・1123・04
W♥C ☎03・5413・5517
HONEY MI HONEY ☎03・5774・2190
ネイチャーラボ ☎0120・880・337
Bellmignon ✉yui.iwatsu@gmail.com
リルリリー トーキョー ☎03・6721・1527
レインボーシェイクプレスルーム ☎03・6778・0920
lissi Boutique ✉info@message-damour.jp
Romansual ☎03・5413・5517

※本書に記載している情報は 2021年 9月時点のものです。
掲載されている情報は変更になる可能性があります。

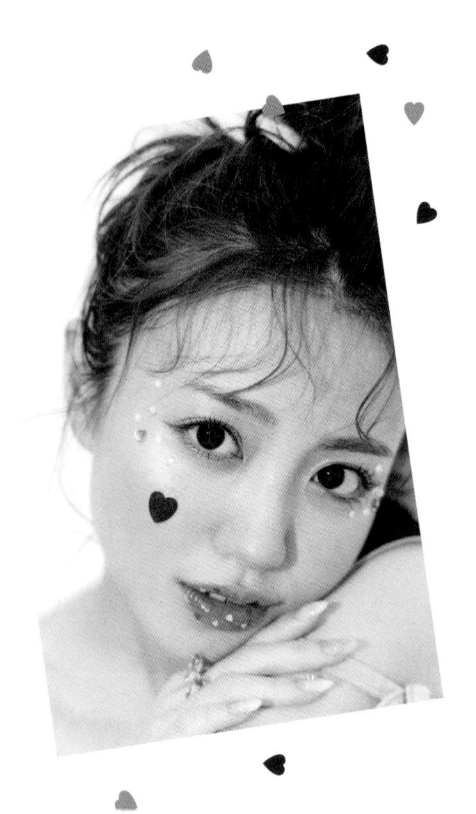

STAFF

デザイン
福村理恵 (slash)

撮影
小川健 (will creative)
[カバー、 P.1～25、 P.30～59、 P.61、 P.67、 P.71～73、
P.76～85、 P.94～107、 P.112～117、 P.124]
藤井大介 [P.90～93]
tAiki [P.64～65、 P.74～75]
堤博之 [P.60、 P.62]

スタイリング
都築茉莉枝 (J styles) [カバー、 P.2～25、 P.30～37、
P.44～59、 P.61、 P.67、 P.72～73、 P.74～85、
P.90～93／香音分、 P.94～107、 P.112～117、 P.124]
鴇田晋哉 [永野芽郁さん分]

ヘアメイク
吉田美幸 (B★ side) [カバー、 P.4～17、 P.32～35、
P.38～45、 P.54～55、 P.58～59、 P.61、 P.67、
P.72～85、 P.90～93／永野芽郁さん分、 P.112～117、 P.125]
サイオチアキ (Lila) [P.2～3、 P.18～23、 P.24～25、
P.30～31、 P.36～37、 P.46～47、 P.56～57、
P.90～93／香音分、 P.94～107]

撮影協力
AWABEES

マネージャー
中原涼子、 川代優花 (スターダストプロモーション)

編集
千木良節子 (Popteen編集部)、 安藤陽子

かのんのぜんぶ。

2021年10月18日　第一刷発行

著者　香音
発行者　泉信彦
発行所　株式会社ポップティーン
〒102-0074
東京都千代田区九段南 2-1-30 イタリア文化会館ビル 3F
☎ 03・3263・7769(編集)

発売元　株式会社角川春樹事務所
〒102-0074
東京都千代田区九段南 2-1-30 イタリア文化会館ビル 5F
☎ 03・3263・5881(営業)

印刷・製本　凸版印刷株式会社

ISBN978-4-7584-1394-7　C0076